江西官山国家级保护区
习见夜蛾科图鉴

韩辉林　姚小华　主编

黑龙江科学技术出版社

图书在版编目（ＣＩＰ）数据

江西官山国家级保护区习见夜蛾科图鉴 / 韩辉林，
姚小华主编. -- 哈尔滨：黑龙江科学技术出版社，
2021.5

ISBN 978-7-5719-0960-4

Ⅰ. ①江… Ⅱ. ①韩… ②姚… Ⅲ. ①自然保护区－
夜蛾科－江西－图集 Ⅳ. ①Q969.436.5-64

中国版本图书馆 CIP 数据核字(2021)第 094288 号

江西官山国家级保护区习见夜蛾科图鉴
JIANGXI GUANSHAN GUOJIAJI BAOHU QU XIJIAN YE'EKE TUJIAN
韩辉林　　姚小华　　主编

责任编辑　　王　研　刘松岩　焦　琰
封面设计　　林　子
出　　版　　黑龙江科学技术出版社
　　　　　　地址：哈尔滨市南岗区公安街 70-2 号　　邮编：150007
　　　　　　电话：（0451）53642106　传真：（0451）53642143
　　　　　　网址：www.lkcbs.cn
发　　行　　全国新华书店
印　　刷　　哈尔滨午阳印刷有限公司
开　　本　　787 mm×1092 mm　　1/16
印　　张　　12
字　　数　　300 千字
版　　次　　2021 年 5 月第 1 版
印　　次　　2021 年 5 月第 1 次印刷
书　　号　　ISBN 978-7-5719-0960-4
定　　价　　260.00 元

《江西官山国家级保护区习见夜蛾科图鉴》

编委会

主　　编　韩辉林　姚小华

副 主 编　郭正福　丁冬荪

编　　委　（以姓氏笔画为序）

丁冬荪　丁永刚　王国兵　王锦华　方平福

左文波　余泽平　姚小华　郭正福　彭观地

韩辉林　熊　勇

前　言

江西官山国家级自然保护区位于江西省铜鼓、宜丰二县的九岭山脉中段，地势自北向南渐低，是我国中亚热带北部和温带之间的过渡地带。保护区总面积 11 500.5 hm²，其中，核心区 3621.1 hm²，缓冲区 1466.4 hm²，实验区 6413.0 hm²。地理位置处于 28°30′～28°40′N，114°29′～114°45′E。气候温暖湿润，光照充足，无霜期长，年均气温 16.4～17.1 ℃，最热月均气温 25～28 ℃，最冷月均气温 4～6 ℃，有效积温超过 5000 ℃，年均降雨量 1700～1800 mm。夏无酷暑，气候凉爽宜人。

该保护区境内山峦起伏，海拔自 200 m 至最高峰麻姑尖 1480 m，30 余座海拔 1000 m 以上的山峰形成中心地貌。其生态环境复杂，动植物资源丰富，生物多样性高。拥有丰富的生物资源，其中包含高等植物 2000 余种，脊椎动物 290 余种，是我国中亚热带北部森林生态系统保存完好的典型地段，适合各类昆虫繁衍与栖息。自 2014 年起，项目组连续 4 年对该区夜蛾科昆虫进行了专题考察，采集了大量标本（高海拔地段的夜蛾昆虫采集较少，待今后资源调查时再完善），加之搜集、整理保护区的历史标本、文献资料，共鉴定出该保护区习见夜蛾科昆虫 20 亚科 269 种，其中包含中国新记录 8 种、江西省新记录 36 种。近年传统夜蛾科的分类系统发生了重大的变化，本书暂时沿用传统的分类系统，在每种备注中将其在新系统中的分类地位予以标注，以方便读者了解新旧系统中各种的隶属变动。

江西省林学会与江西官山国家级自然保护区管理局组织知名专家，历时 4 年编辑出版本书。本书不仅可作为森林保护工作者、林农业经营公司与广大林农的应用工具书，也可作为大专院校师生、科研院所人员的参考书。本书得到东北林业大学林学院昆虫分类研究室全体同学、江西省林业有害生物防治检疫局罗俊根教授和江西省萍乡市林业局武功山分局姚钰先生、中国林学会和江西省科学技术协会的帮助和大力支持，在此一并表示衷心的感谢！

本书的调查研究得到如下科研项目的资助：国家自然科学基金（No.30700641、No.31272355、No.31572294）、中央高校基本科研业务费专项资金项目（No.2572017PZ08）、中国林学会林业科技研究计划项目（2017BAD01B0203）；中国林学会创新驱动助力工程项目"江西省林业有害生物调查与研究"。

由于我们学识水平有限，同时，采集调查时间有限，仅挑选相对典型地点采集，未能长期持续且全面地覆盖整个保护区的各样点。因此，遗漏或不足之处在所难免，万望读者对本书提出批评和建议。

目　　录

1 长须夜蛾亚科 Herminiinae

注：传统分类系统中的本亚科在当前新系统中隶属目夜蛾科 Erebidae。

1.1 闪疖夜蛾 *Adrapsa simplex* (Butler, 1879)（图版 1:1）

形态特征：翅展 29~32 mm。头部灰褐色；下唇须黑褐色；触角褐色，雄性基半部单栉状，雌性线状。胸部深褐色，被长鳞毛；腹部纤细淡褐色。前翅略宽圆，底色深褐色；内横线纤细白色，中部略外突；外横线纤细白色，波浪状弧形弯曲，前缘区白色呈楔状；亚缘线白色，仅在前缘区和 R_3 至 M_2 脉间可见；外缘线白色点列组成；环状纹白色小点斑；肾状纹白色椭圆形。后翅底色同前翅；新月纹白色点线斑；外横线白色，中部略波浪形；亚缘线白色，中后部略可见，近臀角区较明显。

分布：江西、浙江、湖北、福建、海南、四川、台湾；日本。

注：江西省新记录种。

1.2 锯带疖夜蛾 *Adrapsa quadrilinealis* Wileman, 1914（图版 1:2）

形态特征：翅展 32~34 mm。头部赭灰色；下唇须淡褐色；触角赭褐色，雄性单栉状，雌性线状。胸部深赭褐色，被长鳞毛；腹部纤细淡赭褐色。前翅底色赭褐色；内横线深褐色，略弯曲；中横线深褐色，弧形内斜；外横线深褐色，外侧在前缘区伴衬灰白色；亚缘线灰白色，前半部明显，后部模糊略弯曲地内斜至后缘；外缘线深褐色，外侧伴衬赭灰色；环状纹灰白色小点斑；肾状纹残月形灰白色眼斑；外缘线区在 M 脉区具有灰黄色块斑。后翅底色同前翅；新月纹模糊；中横线深褐色，较模糊；外横线深褐色，中部略波浪形，外侧较底色略淡；亚缘线深褐色，前大半部模糊，较宽，臀角区外侧伴衬灰白色。

分布：江西、台湾。

1.3 淡缘波夜蛾 *Bocana marginata* (Leech, 1900)（图版 1:3）

形态特征：翅展 30~35 mm。个体变异较大，特别是颜色变化较大。头部灰白色；下唇须赭色；触角赭褐色线状，雄性较粗。胸部深褐色至灰色；腹部纤细多灰色。前翅底色棕褐色至赭色；内横线为内斜的黑褐色至黑色直线；中横线多模糊，少有后半部略可见；外横线黑褐色至黑色弯曲内斜，外侧伴衬白色，在 2A 脉弯折明显；亚缘线棕褐色至黑褐色内斜条带，外侧灰白色；外缘线黑色条点列组成；环状纹模糊或不显；肾状纹呈弯斜的黑色"L"形。后翅底色同前翅或略淡；新月纹不显；基半部灰色；亚缘线灰褐色，外侧略伴衬灰白色，在臀角区弯折明显。

分布：江西、浙江、湖南、福建、贵州。

1.4 钩白肾夜蛾 Edessena hamada Felder et Rogenhofer, 1874（图版 1:4）

形态特征：翅展 38~42 mm。头部灰黑色带褐色；下唇须黑褐色；触角线状灰色。胸部灰黑色，领片黑褐色。腹部灰褐色。前翅底色灰褐色；基线不显，仅在前缘基部可见一黑褐色小点；内横线黑褐色明显，由前缘呈波浪状圆弧形外曲延伸至后缘；中横线暗褐色略明显，为一条宽大的黑褐色暗影带，由前缘延伸至后缘；外横线黑褐色明显，由前缘呈波浪状近斜向延伸至后缘；亚缘线棕褐色明显，由前缘呈波浪状圆弧形外曲延伸至后缘；外缘线不明显；饰毛灰黑色；环状纹为一极小的白色小点；肾状纹为一白色钩状大斑块。后翅底色灰褐色；新月纹为一白色小椭圆形斑；外缘区部分灰色；饰毛灰褐色。

分布：江西、山东、河北、福建、湖南、四川、云南；俄罗斯、朝鲜、韩国、日本。

1.5 白肾夜蛾 Edessena gentiusalis Walker, [1859]1858（图版 1:5）

形态特征：翅展 42~55 mm。头红褐色至褐色，下唇须扁平，弯钩状，最后一节窄，末端尖；触角线状，每节具 1 对栉齿。胸部红褐色至褐色；腹部颜色较胸部浅。前翅红褐色至褐色，雄性前翅较窄、顶角尖，雌性前翅较为宽阔、顶角圆钝；亚缘线至缘线区域颜色较浅；内横线深褐色，向外弯折；环状纹为一白色小点，肾状纹为一白色大斑块；中横线深褐色贯穿肾状纹；外横线深褐色稍向外弯折；亚缘线黄白色锯齿状弯折；缘线模糊；缘毛棕色。后翅红褐色至褐色，基部密被长毛，内横线模糊；新月纹黄白色，水滴状；外横线和亚缘线模糊，波浪形内弧。

分布：江西、河北、湖南、福建、海南、四川、云南、西藏、台湾；日本。

1.6 斜线厚角夜蛾 Hadennia nakatanii Owada, 1979（图版 1:6）

形态特征：翅展 29~30 mm。头、胸、腹部灰色；下唇须褐灰色；触角线状灰色。前翅底色灰色；基线不显；中横线暗褐色至黑褐色，由前缘平直地内斜至后缘；外横线暗褐色较模糊，不紧凑，与中横线平行；亚缘线不明显；环状纹不明显；肾状纹为乳黄色椭圆形斑。后翅底色较前翅略深；新月纹为一较淡的圆形斑；中横线黑褐色，中部明显；外横线区深褐色。

分布： 江西、海南、台湾；日本。

1.7 希厚角夜蛾 *Hadennia hisbonalis* (Walker, [1859]1858) （图版 1:7）

形态特征： 翅展 40~43 mm。头部黄褐色至深褐色；下唇须粗壮，上弯；触角线形。前翅深褐色至灰褐色；内横线纤细暗褐色；外横线暗褐色，在前缘区略可见；亚缘线赭黄色至灰白色，由顶角平直地内斜至后缘；外缘线赭黄色；环状纹为一深色小点；肾状纹为一略大的赭黄色圆点斑；内、中横线区和外缘线区同底色，亚缘线区呈黑褐色宽带。后翅底色同前翅；新月纹模糊；由外横线至内黑褐色渐淡。

分布： 江西、湖北、湖南、福建、广东、海南、云南、台湾；日本、孟加拉国、印度尼西亚（苏门答腊岛）；加里曼丹岛、马来西亚半岛。

1.8 胸须夜蛾 *Cidariplura gladiata* Butler, 1879（图版 1:8）

形态特征： 翅展 30~31 mm。头部深灰色；下唇须灰色，且上弯，第 2 节长；触角线形。前翅灰褐色至棕灰色；内横线纤细深褐色，略波浪形弯曲，内侧伴衬灰白色；中横线模糊；外横线白色，内侧伴衬深褐色，且前缘区呈小三角形斑；亚缘线模糊；外缘线深褐色；环状纹为一白色小点斑；肾状纹为一略大的椭圆形斑；中、外横线区较底色深。后翅底色同前翅；新月纹模糊；外横线白色，内侧伴衬黑褐色；亚缘线棕褐色至淡棕色，比较模糊。

分布： 江西、湖北、湖南、福建、四川、台湾；朝鲜、韩国、日本。

1.9 白线奴夜蛾 *Paracolax butleri* (Leech, 1900) （图版 2:1）

形态特征： 翅展 18~25 mm。本种是外部形态近似厚角夜蛾属的种类。下唇须镰刀形上弯；触角线形。前翅浅黄褐色至深褐色；内横线黑色，内斜直线；中横线黑色，较粗，与内横线平行；外横线纤细黑色，与中横线平行；亚缘线黄色，内侧伴衬黑色至灰褐色；外缘线黑色点斑列组成；饰毛同底色；环状纹模糊；肾状纹小椭圆形眼斑，较模糊。后翅基本同前翅；新月纹不明显。

分布： 江西、广东。

1.10 白线尖须夜蛾 *Bleptina albolinealis* Leech, 1900（图版 2:2）

形态特征：翅展 28~32 mm。头部棕黄色至灰绿色；下唇须镰刀形上弯；触角线形。前翅黄褐色至褐绿色；内横线为黑色内斜直线，外侧伴衬白色，前缘区不明显；外横线为黑色内斜直线，内侧伴衬白色，前缘区不明显，与内横线近似平行；亚缘线白色，由顶角内斜至后缘，内侧伴衬棕褐色至灰褐色；外缘线黑色点斑列组成；饰毛同外缘线区；环状纹小眼斑，较底色略深；肾状纹小黑褐色斜条斑。后翅较前翅色淡；新月纹呈一晕斑；基半部散布灰褐色小颗粒；亚缘线区烟黑色条带明显；外缘线黑色。

分布：江西、湖南、福建、广西、四川。

1.11 条拟胸须夜蛾 *Bertula spacoalis* (Walker, 1859)（图版 2:3）

形态特征：翅展 23~30 mm。头部褐色；下唇须上弯至头顶；触角线状。胸部深褐色；腹部灰褐色。前翅棕褐色至深褐色；内横线白色内弯弧状；中横线模糊，中部隐约可见；外横线白色，外向弧形弯曲，在中室区域外突可见；亚缘线仅在前缘呈白色内斜小条斑，其余部分呈暗褐色波浪形弯曲内斜至后缘；外缘线黑褐色至深褐色；环状纹为一黑色点斑；肾状纹为扁圆形小白斑；亚缘线区深褐色条带较明显。后翅底色同前翅，新月纹呈模糊的晕纹；外横线白色，前部不明显，后大半部明显可见，2A 脉处略淡；亚缘线白色，仅在后缘区可见，其余部分暗褐色；外缘线黑褐色至深褐色。

分布：江西、河北、湖南、福建、四川；日本。

1.12 葩拟胸须夜蛾 *Bertula parallela* (Leech, 1900)（图版 2:4）

形态特征：翅展 32~37 mm。头部棕褐色；下唇须褐色，第 3 节纤细；触角线状具短纤毛。胸部灰褐色；腹部灰色至淡灰色。前翅棕褐色至灰褐色；基部有一深褐色点斑；内横线黄白色内斜直线，外侧伴衬暗棕褐色；中横线模糊；外横线黄白色，在前缘略弯，其余部分与内横线近似平行；亚缘线深褐色，略显，在翅脉上略呈点斑；外缘线在翅脉端呈深褐色小点斑；环状纹模糊；肾状纹深棕褐色近"【"形；饰毛淡黄色。后翅底色近似前翅；外横线黄白色，前部模糊不显，后大半部可见，2A 脉处很淡；饰毛淡黄色；新月纹模糊不显。

分布：江西、浙江、湖南、福建、海南、四川、台湾。

注：《中国动物志》（夜蛾科）中将本种记载为"并线尖须夜蛾 *Bleptina parallela* Leech"；Wang & Kishida（2011）根据属的变更改为"葩拟胸须夜蛾 *Bertula parallela* (Leech)"。

1.13 晰线拟胸须夜蛾 *Bertula bisectalis* (Wileman, 1915)（图版 2:5）

形态特征：翅展 36~37 mm。头部棕色；下唇须棕灰色，上弯，第 3 节尖锐；触角线状棕色。胸部烟褐色；腹部黑褐色，第 1 腹节棕黄色。前翅烟褐色至深褐色；基线黑色短条纹；内横线灰白色至黄白色内斜线，后部呈弧形弯折；中横线模糊；外横线灰白色至黄白色，在 M_3 脉处弯折，与内横线近似平行；亚缘线纤细黄白色，波浪形弯曲，有些个体模糊；外缘线黑褐色；环状纹模糊；肾状纹黄白色月牙形；饰毛同底色。后翅底色近似前翅；外横线黄白色，仅在后缘区可见；亚缘线纤细，呈黄白色至灰白色波浪形曲线，仅在臀角区隐约可见；新月纹模糊，隐约可见。

分布：江西、台湾；日本。

1.14 曲线贫夜蛾 *Simplicia niphona* (Butler, 1878)（图版 2:6）

形态特征：翅展 33~38 mm。头部棕色至灰棕色；下唇须棕色镰刀状；雌性触角线状，雄性纤毛略长，基部具有一毛疬。胸、腹部多灰色，领片同头部。前翅深灰色至灰色；内横线褐色，在中部略显；中横线不显；外横线褐色，波浪形，有些个体不显或部分可见；亚缘线黄白色内斜直线，内侧伴衬褐色；环状纹呈一褐色至黑褐色点斑；肾状纹褐色月牙形，中间色略深；外缘线由翅脉端褐色点斑列组成。后翅较前翅淡；亚缘线黄白色，前端不显，其余部分明显，在 2A 脉处内折明显。

分布：江西、内蒙古、河北、浙江、湖南、福建、海南、广西、云南、西藏、台湾；朝鲜、韩国、日本、印度、斯里兰卡、尼泊尔；东南亚地区。

1.15 常镰须夜蛾 *Zanclognatha lilacina* (Butler, 1879)（图版 2:7）

形态特征：翅展 32~35 mm。个体变异较大。头部灰褐色，下唇须第 2 节向上，第 3 节向上后弯，超过头顶，端部尖；雄性触角线状，有纤毛，基部有一毛疬。胸部和腹部灰褐色，雌性腹部末端呈尖锥形。前翅灰褐色至棕褐色略带红或淡绿色，散布暗褐色至黑褐色细点；基线黑褐色，弧形弯曲；内横线深褐色至黑褐色，波浪形外斜，略粗；中横线不显；外横线暗褐色至黑褐色，弧形弯曲，中部锯齿状外突明显；亚缘线黑褐色至棕褐色，波浪形弯曲，前部外侧伴衬灰白色；外缘线黑褐色；外横线区深褐色至棕褐色，在前缘区略淡；肾状纹模糊，有些个体隐约可见。后翅较前翅浅；外横线隐约可见黑褐色；亚缘线白色，内侧伴衬黑褐色；外缘线黑褐色；新月纹褐色，内弯曲线，模糊。

分布：江西、浙江、福建；朝鲜、韩国、日本、俄罗斯。

1.16 黄镰须夜蛾 *Zanclognatha helva* (Butler, 1879)（图版 2:8）

形态特征：翅展 27~29 mm。头部灰黄色；下唇须灰色，第 2 节向上，第 3 节向上后弯，超过头顶，端部尖；雄性触角线状有纤毛，基部有一毛疣，雌性触角线状。胸部和腹部灰黄色，雌性腹部末端呈三角形。前翅灰黄色，散布暗褐色细点；基线仅中室前约可见褐色条纹；内横线棕褐色至褐色，波浪形弯曲；内横线不显；外横线棕褐色至褐色，外向弧形弯曲至 2A 脉，其后波浪形外斜至后缘；亚缘线棕褐色至深褐色，由顶角内斜至后缘；外缘线黑褐色；顶角尖锐；外缘区到亚缘线内侧较底色暗；肾状纹黑褐色弯曲。后翅较前翅淡，基半部略亮白；外横线灰褐色，前端较模糊；亚缘线棕褐色至深褐色，边界较模糊；外缘线棕褐色至黑褐色；新月纹模糊。

分布：江西、浙江、湖南、福建、台湾；朝鲜、韩国、日本、俄罗斯。

1.17 杉镰须夜蛾 *Zanclognatha griselda* (Butler, 1879)（图版 3:1）

形态特征：翅展 28~35 mm。头部浅灰褐色；下唇须向上弯，似镰刀状；雄性触角栉形。胸部褐色，背面被平滑鳞片；腹部灰褐色，雌性末端呈明显锥形。前翅灰褐色略带淡棕色；基线浅褐色，仅在前缘可见；内横线深褐色，较粗，略弧形内斜；中横线不显；外横线呈纤细的深褐色，自前缘外斜至 M_1 脉，强折角内斜弯至后缘；亚缘线粗，黑褐色至深褐色，自顶角内斜至后缘近臀角处，雄性微内弯，雌性内弯较雄性明显；外缘线褐色；环状纹不显；肾状纹黑褐色至暗褐色，两端略粗。后翅底色同前翅；外横线暗褐色，内斜至亚中褶处，折角内斜并细弱；亚缘线暗褐色至黑褐色，后半部粗壮较明显；外缘线褐色。

分布：江西、福建；朝鲜、韩国、日本；欧洲。

1.18 梅峰镰须夜蛾 *Zanclognatha meifengensis* Wu, Fu & Owada, 2013（图版 3:2）

形态特征：翅展 31~33 mm。头部棕褐色；下唇须褐色，向上弯，似镰刀状；雄性触角栉形，雌性触角线形。胸、腹部棕褐色，雌性末端呈明显三角锥形。前翅褐色至棕褐色，略带淡灰色；基线褐色，仅在前缘可见；内横线纤细，深色，波浪形弯曲；中横线不显；外横线呈纤细的深褐色，自前缘外斜至 M_1 脉，再呈 M 形弯曲后强折角内斜弯至近 2A 脉，再外斜至后缘；亚缘线深棕褐色较粗，由顶角直线内斜至后缘，顶角处黑褐色至深褐色；外缘线深棕褐色至黑褐色；环状纹不显；肾状纹棕褐色至暗褐色弧形条斑。后翅底色同前翅；外横线暗褐色；亚缘线深棕褐色至暗褐色，后半部粗壮较明显，其外侧伴衬灰白色；

外缘线褐色；新月纹晕状斑。

分布：江西、台湾。

1.19 窄肾长须夜蛾 *Herminia stramentacealis* Bremer, 1864（图版 3:3）

形态特征：翅展 20~23 mm。头部灰黄色至赭黄色；下唇须向上弯，似镰刀状；雄性触角粗线形，雌性触角线形。胸、腹部赭黄色，雄性腹部末端具长鳞毛包被。前翅赭黄色至灰黄色；内横线暗褐色，波浪形弯曲，自前缘外斜至中室前缘脉后弯折内斜至后缘；中横线暗褐色，极模糊，略晕状；外横线纤细暗褐色，自前缘外斜至 R_5 脉再弯折向后伸达 M_3 脉，其后内弯至后缘；亚缘线暗褐色至深棕褐色，由前缘略弯曲内斜至后缘；外缘线由翅脉间一列黑色点斑组成；饰毛较底色略暗；环状纹模糊；肾状纹黑褐色，细窄，微内凹。后翅淡赭黄色至黄白色；新月纹隐约可见一小点斑；外横线暗褐色，中后部明显；亚缘线暗褐色，在近臀角处折角内斜明显；外缘线棕褐色；饰毛较底色略深。

分布：江西、辽宁、山东；朝鲜、韩国、日本、俄罗斯。

1.20 栎长须夜蛾 *Herminia grisealis* ([Denis & Schiffermüller], 1775)（图版 3:4）

形态特征：翅展 22~24 mm。头部与胸部灰褐色至淡棕褐色；腹部色较深；雄性触角栉形，雌性触角线形；下唇须向上弯，似镰刀状。前翅灰褐色至淡棕褐色；基线暗褐色，仅呈短弧形；内横线暗褐色至棕褐色，近似平直地略外斜；中横线略暗褐色条带，不紧凑；外横线棕褐色至暗褐色，自前缘外斜至 R_5 脉再弯折至中褶处，再外斜至后缘；亚缘线暗褐色至黑褐色，由顶角微内弯弧形至后缘近臀角；外缘线黑褐色，外侧伴衬淡黄色；饰毛同底色；环状纹呈小圆点斑，较底色略淡；肾状纹暗褐色至棕褐色，窄条内凹弧形。后翅底色同前翅；新月纹隐约可见暗褐色条斑；外横线暗褐色，前端不明显；亚缘线暗褐色，略粗，中后部略明显，近臀角区内弯折明显；外缘线黑褐色。

分布：江西、内蒙古、四川、云南、台湾；朝鲜、韩国、日本、俄罗斯、哈萨克斯坦；欧洲。

1.21 黑斑辛夜蛾 *Sinarella nigrisigna* (Leech, 1900)（图版 3:5）

形态特征：翅展 23~25 mm。头部褐黄色，杂有少许黑色；下唇须向上伸，镰刀状，第 3 节短，端部尖锐；触角丝状。胸部褐黄色，掺杂有棕色；腹部褐黄色。前翅灰褐色至烟灰色；基线黑色，仅在中室前略显；内横线在前缘呈黑色块斑，其后纤细，棕褐色，波形；中横线模糊；外横线在前缘区呈黑色外斜纹，其后细锯齿形，在 $R_5 - Cu_2$ 脉间呈波曲状强外弯，再向后内斜至后缘；亚缘线黄白色，内侧在中前部伴衬黑色小、大点斑，有些个体黑色可相连；外缘线由翅脉间微内凹的小窄短弧形黑色斑组成；饰毛同底色；环状纹不明显，仅呈一小点斑；肾状纹黑色圆形斑；翅基半部色淡。后翅较前翅色淡；外横线晕状烟黑色；亚缘线淡烟黑色。

分布：江西、湖北、台湾；朝鲜、韩国、日本、俄罗斯。

2 髯须夜蛾亚科 Hypeninae

注：传统分类系统中的本亚科在当前新系统中隶属目夜蛾科 Erebidae。

2.1 两色髯须夜蛾 *Hypena trigonalis* Guenée, 1854（图版 3:6）

形态特征：翅展 29~32 mm。头部黑褐色带灰色；下唇须较长黑褐色，斜向前伸出；触角线状黑色。胸部灰黑色，领片黑褐色；腹部黄褐色。前翅底色黑褐色，散布银灰色鳞片，内横线区及外横线外侧银色鳞片较密集，中横线区及外横线区颜色较底色略深；基线棕色不明显；内横线棕褐色不明显，有些个体可见，由前缘斜向外延伸至后缘；中横线不显；外横线棕黄色明显，由前缘延伸至后缘，与外缘近平行；亚缘线黑褐色宽带，由前缘外弧形伸达后缘；外缘线黑褐色细线，外侧伴衬黄色；饰毛棕褐色；环状纹不显；肾状纹隐约可见扁圆形斑，有些个体明显。后翅底色杏黄色；新月纹不显；顶角及外缘区部分呈黑色条带；饰毛棕褐色。

分布：江西、山东、河南、浙江、福建、四川、贵州、云南、西藏；朝鲜、韩国、日本、印度。

2.2 曲口髯须夜蛾 *Hypena abducalis* Walker, [1859]1858（图版 3:7）

形态特征：翅展 29~30 mm。头部棕褐色；下唇须深棕褐色，斜上伸；触角线形，棕色。胸部暗棕色；腹部烟灰色。前翅青褐色，散布黑色小点；基线仅在前缘呈一黑色小点斑；内、中、外横线不显；亚缘线褐色，自顶角弯曲到近基部的后缘；外缘线深褐色双线；饰毛暗褐色；外缘区和亚缘区散布青白色；顶角尖；环状纹灰白色小圆斑；肾状纹扁圆形，有些个体明显。后翅黑灰色至烟黑色；隐约可见黑褐色雾状新月纹；外缘区色深；基部色淡。

分布：江西、河北、湖南、福建、四川、云南、西藏；日本、印度、印度尼西亚、巴基斯坦。

2.3 显髯须夜蛾 *Hypena perspicua* (Leech, 1900)（图版 3:8）

形态特征：翅展 27~28 mm。头部灰白色；下唇须灰色，向上前方延伸。胸部棕褐色，领片灰褐色；腹部灰褐色，前 3 节灰白色，向后渐淡。前翅棕褐色至深烟褐色；基部中央灰白色条带，沿后缘外斜，与外横线相连；中横线不明显；外横线灰白色，在 M_2 脉处呈尖角；顶角处有黑色内斜斑；亚缘线青白色，仅显几个点斑；环状纹黑色小点斑；肾状纹黑褐色，呈条形或前后相连的 2 个点斑；顶角较尖；外缘区多青白色；基部到外横线区棕褐色。后翅浑圆，深棕褐色，略散布红色；新月纹稍暗，隐约可见。

分布：江西、湖北、四川；日本。

注：江西省新记录种。

2.4 阴卜夜蛾 *Hypena stygiana* (Butler, 1878)（图版 4:1）

形态特征：翅展 32~35 mm。头部棕褐色；下唇须较长，棕褐色，向前平伸，前端略上弯；触角线状褐色。胸部棕褐色，散布黑色，领片棕褐色；腹部淡棕褐色。前翅底色棕褐色；基线不明显；内横线棕褐色明显，由前缘呈波浪状圆弧形外曲至后缘，内侧伴衬灰白色；中横线不显；外横线灰色至亮褐色，由前缘向后延伸，在中室处向外略形成一突起，其后呈波曲状延伸至后缘中部；亚缘线为一列烟褐色条带，由前缘延伸至后缘，与外缘近平行；外缘线黑色；饰毛灰褐色；顶角处具有内斜条斑；环状纹呈黑色一点斑；肾状纹黑色明显，呈一条斑；外缘线和亚缘线区色淡，内横线区色略淡。后翅底色淡棕褐色；新月纹晕状条斑；外缘区部分略带黑色；饰毛略深于底色。

分布：江西、山东、吉林、辽宁、北京、浙江、西藏；俄罗斯、朝鲜、韩国、日本。

2.5 污卜夜蛾 *Hypena squalid* (Butler, 1879)（图版 4:2）

形态特征：翅展 23~27 mm。头部灰白色；下唇须向前平伸。胸部暗褐色，足浅褐色掺杂浅黄色；腹部淡褐色。前翅基部中间有一条灰白色细线向后弯到 2A 脉，然后与后缘平行到翅中部同外横线相连，围成一黑褐色斑块；外横线在 M_2 脉处突角较小；亚缘线黄白色至灰白色，在翅脉间呈小弧形；顶角处三角形斜纹明显；外缘线深褐色至黑褐色，外侧伴衬米黄色或橘黄色；环状纹和肾状纹模糊。后翅浑圆，灰褐色至淡褐色；新月纹晕状，模糊。

分布：江西、湖南、福建、四川；朝鲜、韩国、日本、俄罗斯。

3 绢夜蛾亚科 Rivulinae

注：传统分类系统中的本亚科在当前新系统中隶属目夜蛾科 Erebidae。

3.1 绢夜蛾 *Rivula sericealis* (Scopoli, 1763)（图版 4:3）

形态特征：翅展 25~27 mm。头部黄白色至白色，有些个体略带淡褐色；下唇须黄褐色，被覆白色；触角线形。胸部黄白色至灰白色；腹部多黄灰色。前翅底色淡黄灰色至黄灰色；基线淡褐色不明显，仅在前缘可见一深色小点；内横线黄褐色，仅在前缘区可见，有些个体可见，由前缘波浪形弯曲延伸至后缘，于 Cu_1 及 Cu_2 脉处分别具一小黑点；中横线黄褐色，仅在前缘部分明显可见；外横线黄褐色明显，由前缘向外圆弧形波浪弯曲至 Cu_2 脉处再内折至后缘；亚缘线黄褐色，波浪形弯曲；外缘线为一棕黑色细线，内侧伴衬白色小点列；饰毛棕红色至淡褐色；环状纹不显，或隐约可见小点斑；肾状纹为双瞳灰黑色扁圆斑，中心分别具一黑色小点。后翅底色基半部灰白色至黄白色；新月纹在有些个体上隐约可见；外缘区色深。

分布：江西、山东、四川；俄罗斯、朝鲜、韩国、日本。

4 裳夜蛾亚科 Catocalinae

注：传统分类系统中的本亚科在当前新系统中隶属目夜蛾科 Erebidae，其包含的绝大部分种类归入目夜蛾亚科 Erebinae 中，有些归入其他新的亚科，还有少部分归入夜蛾科 Noctuidae。

4.1 藏裳夜蛾 *Catocala hyperconnexa* Sugi, 1965 （图版 4:4）

形态特征：翅展 56~59 mm。头部灰白色至灰色；触角褐色。胸部灰白色，中央两侧具有 2 条黑色纤细纵线；领片棕褐色，后缘黑色。腹部棕黄色至灰黄色，第 1 节鳞毛较长。

前翅底色棕灰色，外横线以内密布灰白色和黑褐色颗粒；基线烟黑色，波浪形弯曲，未达后缘；内横线烟黑色至褐黑色，前半部略粗，略直外斜，中室后缘波浪形弯曲至后缘；中横线烟黑色，较模糊，前缘区略可见；外横线烟黑色至深黑色，前缘区缓缓外斜，在 M_2 脉外伸成尖锐角，在 2A 脉内伸成尖角，呈短粗线段，其余部分呈锯齿形；亚缘线灰白色至青白色，较模糊，波浪形弯曲；外缘线由翅脉端灰白色点列组成；外缘区翅脉呈黑色条线；中横线区呈灰白色条带；肾状纹棕色，外框黑色，较模糊；附环纹卵形，灰黄色至褐黄色，外框黑色。后翅底色米黄色至橘黄色；中横带黑色，由前缘斜向外伸近外缘带，弧形弯曲后内伸至基部；外缘带黑色，在 Cu_2 和 2A 脉区内伸，并与中横带相连；顶角同底色。

分布：江西、云南、西藏、台湾；日本、尼泊尔。

注：本种根据新分类系统当前隶属目夜蛾科 Erebidae 目夜蛾亚科 Erebinae。江西省新记录种。

4.2 鸮裳夜蛾 *Catocala pataloides* Mell, 1931（图版 4:5）

形态特征：翅展 66~69 mm。头部暗棕色至深红棕色；触角深褐色。胸部红褐色至深棕褐色；领片边缘灰色；肩板散布灰色。腹部橘棕色至红褐色。前翅黑褐色；基线内斜褐色短双线；内横线波浪形黑褐色，内侧伴衬橘黄色；中横线黑褐色三角形楔形斑；外横线黑色至黑褐色双线，后半部内侧线不明显或模糊；亚缘线黑色波浪形，略模糊，翅脉间成角；外缘线由橘黄色和黑褐色相间组成；肾状纹黑褐色圆斑块，较模糊；附环纹灰黄色至淡黄色小卵圆形；内横线和中横线区密亮橘黄色，外横线、亚缘线和外缘线区散布橘黄色。后翅底色橘红色；中横带黑色，由基部外伸至近外缘带再内弯延伸至基部，色渐淡；外缘带黑色，在 M_2、Cu_2 和 2A 脉处具有黑色条带，与中横带相连，呈 4 块大小不一的斑块，近后缘的斑块近似未封闭；顶角同底色；褶脉端和臀角为同底色的月牙斑；后缘烟黑色。

分布：江西、广东。

注：本种根据新分类系统当前隶属目夜蛾科 Erebidae 目夜蛾亚科 Erebinae。

4.3 粤裳夜蛾 *Catacala kuangtungensis* Mell, 1931（图版 4:6）

形态特征：翅展 54~56 mm。头部灰褐色，散布青白色；触角棕褐色线形。胸部黑褐色，密布青白色鳞毛；领片棕褐色，散布青白色，后缘黑色；肩板同胸部。腹部橘红色，中央略显烟黑色纵条。前翅底色黑色，密布青灰色；基线深黑色弯曲；内横线波浪形黑色，内侧伴青灰色；中横线黑色，仅在前缘区隐约可见；外横线黑色波浪形双线，M 脉区外突明显，外侧线多模糊；亚缘线黑色波浪形弯曲，略模糊；外缘线前半部黑色和青白色相间，其后黑色；肾状纹棕红色斑块，模糊；附环纹白色小圆形；基部后缘区棕褐色至棕色明显。后翅底色橘黄色；内横线为一黑色外斜条斑；中横带黑色，由基部外伸近外缘带再内弯伸至基部；外缘带黑色，宽大，褶脉区具断裂，在 Cu₂ 和 2A 脉处具有黑色条带与中横带相连；顶角同底色；外缘内侧具波浪形橘黄色条斑；后缘黑色，近臀角有一淡黑色条斑与中横带相连。

分布：江西、湖南、广东；日本。

注：本种根据新分类系统当前隶属目夜蛾科 Erebidae 目夜蛾亚科 Erebinae。

4.4 鸱裳夜蛾 *Catocala patala* Felder & Rogenhofer, 1874（图版 4:7）

形态特征：翅展 65~68 mm。头部棕色；触角棕褐色线形。胸部暗棕褐色；领片棕色；肩板较胸部深。腹部橘红色，中央略显烟色纵条。前翅底色褐色，散布烟色；基线深黑色弯曲线段；内横线波浪形外斜双线，外侧线黑色，内侧线烟黑色晕状；中横线黑色晕状，仅在前缘区隐约可见；外横线黑色波浪形，M₁ 脉外突尖锐明显，在 2A 脉内凹锐角明显；亚缘线淡黑色至烟黑色，波浪形弯曲，略模糊；外缘线双线，内侧线由黑色小条斑组成，外侧线灰棕色；肾状纹暗棕色半圆斑块，模糊；附环纹较底色略浅，外框黑色；基部后缘区灰棕色明显。后翅底色橘黄色；内横线为一黑色外斜短条斑；中横带黑色，由基部外伸近外缘带再内弯伸至基部，在 M₂ 脉处膨大明显；外缘带黑色，宽大，褶脉区凹陷明显，在 Cu₂ 脉处具有三角形黑色条斑与中横带相连，2A 脉区极淡的烟黑色，与中横带隐约相连；顶角同底色；外缘黄色，中部内侧翅脉间具有内伸小黄条斑；后缘淡黑色，近臀角有一淡黑色条斑与中横带相连。

分布：江西、黑龙江、宁夏、浙江、福建；朝鲜、韩国、日本、印度。

注：本种根据新分类系统当前隶属目夜蛾科 Erebidae 目夜蛾亚科 Erebinae。

4.5 晦刺裳夜蛾 *Catocala abamita* Bremer & Grey, 1853（图版 4:8）

形态特征：翅展 65~70 mm。头部棕褐色至褐色；触角深褐色。胸部棕色至棕褐色，中央两侧具有黑色纵条；领片黑色；肩板密布灰褐色，边缘深棕色。腹部棕黄色至橘黄色，第 1~3 腹节背面具有烟黑色鳞毛，且渐淡，末端烟黑色。前翅灰褐色；内横线黑色外斜宽带，中室后断裂，其后在 2A 脉上可见细黑色条纹；中横线黑色，在肾状纹前和附环纹后可见；外横线黑色，前半部略粗，在 M 脉处外伸成明显的尖锐角，其后呈小锯齿状，在肾状纹后弯曲成灰白色附环纹；亚缘线灰白色，波浪形弯曲，非常模糊；外缘线区中部翅脉黑色明显，2A脉区具有黑色条斑内斜伸，近似与内横线相连；肾状纹圆形，中央棕黄色，外叠加灰白色，外框细黑色。后翅黄色至橘黄色；中横带黑色弧形弯曲，在2A脉区内折橘红色内伸至基部，散布淡烟黑色；外缘带黑色，在中部翅脉上有齿状外伸，且在近臀角区断裂；顶角同底色。

分布：江西、北京、河北、山东、江苏、福建；朝鲜、韩国、俄罗斯。

注：本种根据新分类系统当前隶属目夜蛾科 Erebidae 目夜蛾亚科 Erebinae。

4.6 鸽光裳夜蛾 *Catocala columbina* (Leech, 1900)（图版5:1）

形态特征：翅展47~50 mm。头部棕灰色，散布灰白色；触角褐色。胸部黑灰色，中央两侧具有2条黑色纵纹；领片黑灰色，后缘深黑色；肩板烟黑色。腹部黑灰色，各节间棕褐色。前翅烟黑色，散布青色光泽；基线黑色波浪形线段，前宽后窄达2A脉；内横线黑色波浪形弯曲略外斜，内侧伴衬灰黄色至棕黄色；中横线黑色条带，中室可见；外横线黑色，外侧伴衬灰黄色，前端呈小块斑，其后偏细，在M_{1-2}脉外伸成尖锐角、Cu_2脉处内伸，在肾状纹之后形成水滴形灰黄色环状纹，在2A脉前内伸成三角锥形；亚缘线深褐色，纤细、模糊；肾状纹黑色扁圆斑，外框灰黄色，非封闭式；外缘线灰黄色，内侧在翅脉间端部伴衬黑色和灰白色相间的点列；亚缘线区灰色；外横线区中室端灰黄色斑块明显；中横线和内横线区色淡。后翅底色橘黄色；中横带黑色，由基部斜外伸略过中室端后部再内弯折伸至基部；外缘带黑色；外缘线同底色，近顶角和Cu_2脉端呈窄条斑；后缘烟黑色。

分布：江西、河南、湖北、浙江、四川；朝鲜、韩国、日本、俄罗斯。

注：本种根据新分类系统当前隶属目夜蛾科 Erebidae 目夜蛾亚科 Erebinae。

4.7 前光裳夜蛾 *Catocala praegnax* (Walker, 1858)（图版5:2）

形态特征：翅展约60 mm。头部黑色至黑褐色，散布棕黄色鳞毛；触角黑色。胸部多黑色至黑褐色，掺杂棕黄色，中胸后部和后胸多橘黄色，中央同前胸；领片和肩板同前胸。腹部橘黄色至淡橘红色，节间黑褐色至黑色，中央隐约可见烟黑色弱纵条。前翅黑色至黑褐色，散布灰色细小刻点；基线黑色，短宽；内横线黑色波浪形略外斜双线，双线间前半部黑色，后半部灰色，掺杂棕色；中横线黑色双线，仅在前缘区呈块斑；外横线黑色，在M_{1-2}外伸成尖锐角，在Cu_2脉内伸围成一小扁圆形附环纹，内部同底色，2A脉内伸成尖角，此后其外侧伴衬白色明显；亚缘线黑色双线小波浪形弯曲内斜，双线间多灰色至灰白色，内侧线前、后缘区可见，中部不明显；外缘线橘黄色，内侧伴衬波浪形黑色；饰毛烟黑色和橘黄色相间；肾状纹略呈梨形，内部较底色深，具有黑色外框；内横线区黑色；中横线和外横线区多棕黄色至橘黄色；基部后缘橘黄色明显。后翅橘黄色，中横带黑色，由基部斜外伸至略过中室端后部再内弯折伸至基部；外横带黑色未达后缘；外缘线同底色；饰毛同底色，M_1 至 Cu_2 脉端呈黑色；后缘烟黑色。

分布：江西、黑龙江、江苏、四川、台湾；朝鲜、韩国、日本、俄罗斯。

注：本种根据新分类系统当前隶属目夜蛾科 Erebidae 目夜蛾亚科 Erebinae。

4.8 奇光裳夜蛾 *Catocala mirifica* (Butler, 1877)（图版 5:3）

形态特征：翅展 53~55 mm。头部青白色至灰白色，散布青灰色；触角褐色。胸部和肩板灰色；领片灰褐色。腹部橘黄色，末端褐色至深灰色。前翅灰色；基线黑色短弧形；内横线前缘黑色，其余部分烟黑色，较模糊；中横线黑色波浪形外斜至 Cu_1 脉，其后不显；外横线黑色，在 M_{1-2} 外突尖锐最大，在 2A 脉内凹尖锐；亚缘线前半部深烟褐色至烟黑色，后半部灰色；中横线 Cu_1 脉前外侧黑色明显，向外渐淡；肾状纹深黑色斜块斑。后翅橘黄色；中横带黑色，基半部和后半部多色略淡，由基部弧形外斜至褶脉区呈一角突，再与后缘平行向内弯折至基部；外缘带黑色，在褶脉区断裂较宽；外缘近顶角呈同底色的小条斑。

分布：江西、浙江；日本。

注：本种根据新分类系统当前隶属目夜蛾科 Erebidae 目夜蛾亚科 Erebinae。

4.9 武夷山裳夜蛾 *Catocala svetlana* Sviridov, 1997（图版 5:4）

形态特征：翅展 33~34 mm。头部灰白色至白色；触角棕褐色。胸部灰黄色，中央密布黑色，后胸末端黑色；领片棕黄色；肩板较胸部淡。腹部橘黄色；节间灰色。前翅基线黑色小条纹；内横线黑色双线，双线间密布黑色；中横线黑色双线，在前缘区隐约可见淡黑色块斑；外横线黑色，外侧伴衬暗棕黄色，在 M_{1-2} 外突尖锐最大，在 Cu_2 脉内伸围成一小圆形附环纹，2A 脉前内伸成短角；亚缘线弱灰黄色，波浪形；中横线区散布白色，有些个体呈带状；肾状纹模糊的圆斑，具有淡灰黄色外框。后翅橘黄色至米黄色；中横带黑色前后较窄，中部略粗，在 2A 脉内折时略断裂，其后烟黑色；外横带黑色，未达后缘；外缘近顶角呈一条形斑。

分布：江西、福建。

注：本种根据新分类系统当前隶属目夜蛾科 Erebidae 目夜蛾亚科 Erebinae。

4.10 安钮夜蛾 *Ophiusa tirhaca* (Cramer, 1777)（图版 5:5）

形态特征：翅展 74~77 mm。头部黄绿色；触角背面褐色，腹面黄绿色。胸部黄绿色，掺杂淡棕色。腹部橘黄色，翅展淡棕色。前翅黄绿色，散布淡棕色，且具有细小褐色裂纹；基部中央具有黑色点斑；基线棕褐色略内斜短线，未达 2A 脉；内横线由前缘与基线相连后呈外向弧形外斜至近后缘，内横线不显；外横线在前缘呈一黑色楔形斑，其后大波浪形弯曲至近后缘中部与内横线相连；亚缘线黑色，在 M_1 脉前锯齿形，且散布青白色，内侧伴衬深黑色，其后波浪形弯曲内斜至后缘，其外侧散布烟黑色，Cu_1 脉后色渐深；外缘线深棕褐色，内侧伴衬棕红色至棕褐色波浪形细线；外缘线区淡棕红色；基部后缘着生比底色淡的长鳞毛；环状纹黑色小点斑；肾状纹橙红色扁腰果形，外框黑色。后翅黄色，中横带呈深黑色大楔斑；其他斑纹不显。

分布：江西、陕西、山东、江苏、浙江、湖北、福建、广东、海南、广西、四川、贵州、云南、台湾；朝鲜、韩国、日本、俄罗斯、越南、尼泊尔、印度、斯里兰卡、菲律宾；西亚、欧洲、非洲。

注：本种根据新分类系统当前隶属目夜蛾科 Erebidae 目夜蛾亚科 Erebinae。

4.11 橘安钮夜蛾 *Ophiusa triphaenoides* (Walker, 1858)（图版 5:6）

形态特征：翅展 52~54 mm。头部棕灰色；触角棕褐色。胸部和肩板棕灰色；领片棕灰色，后缘棕褐色。腹部棕灰色，较胸部色淡。前翅棕灰色，散布黑褐色小颗粒点斑；基线淡棕灰色短小弧形；内横线淡棕灰色，在前缘区弧形，其后外斜直线；中横线不显；外横线在前缘呈一黑圆斑，其后淡棕灰色，略弯曲内斜；亚缘线棕黄色至深橘黄色，前缘区内侧伴衬 2 个黑斑，其后为烟黑色；外缘线棕黄色至橘黄色，内侧伴衬烟黑色和灰色相间的点斑；外缘区烟棕色至焦棕色；环状纹呈较底色淡的小圆斑，中央具一小黑点斑；肾状纹腰果形，具黑色外框。后翅浑黄色至淡棕黄色，基半部同底色；外缘带烟黑色；外缘线和饰毛同前翅。

分布：江西、山东、浙江、湖南、福建、广东、海南、云南、台湾；朝鲜、韩国、日本、泰国、老挝、越南、印度尼西亚、马来西亚、菲律宾、缅甸、印度。

注：本种根据新分类系统当前隶属目夜蛾科 Erebidae 目夜蛾亚科 Erebinae。

4.12 南川钮夜蛾 *Ophiusa olista* (Swinhoe, 1893)（图版 5:7）

形态特征：翅展 42~43 mm。头部、触角和腹部棕色。胸部、领片和肩板深棕色。前翅棕色至灰棕色；基线深棕色短弧形条带；内横线黄棕色至淡棕色，波浪形弯曲外斜，在后缘区弧形内弯；中横线不显；外横线颜色较内横线淡，小波浪形内斜，前缘内侧伴衬一三角形黑斑；亚缘线黄棕色至淡棕色波浪形弯曲，内侧翅脉间伴衬大小不一的黑色圆斑；外缘线棕黄色，内侧伴衬棕褐色波浪形曲线；环状纹棕褐色点斑；肾状纹红棕色至红褐色铝锭形；内横线区色较淡；外缘区暗灰棕色。后翅棕灰色；外缘带灰褐色，散布烟色；外缘线亮黄色；新月纹灰褐色小点斑。

分布：江西、重庆、台湾；朝鲜、韩国、日本、菲律宾、泰国、越南、印度、尼泊尔。

注：本种根据新分类系统当前隶属目夜蛾科 Erebidae 目夜蛾亚科 Erebinae。

4.13 飞扬阿夜蛾 *Achaea janata* (Linnaeus, 1758)（图版 5:8）

形态特征：翅展 52~54 mm。头部棕灰色；触角基部褐色，其余部分棕色。胸部和肩板棕色；领片棕灰色。腹部多灰色。前翅棕灰色至棕褐色；基线棕色弧形线段；内横线亮棕色双线，双线间同底色，小波浪形弧状外斜；中横线模糊；外横线双线，内侧线烟褐色，外侧线前半部烟黑色，后半部棕色，双线间同底色，由前缘外向弧形弯曲至 Cu_1 脉，其后略内向弧形内斜至后缘；亚缘线灰色纤细，小波浪形弯曲内斜，前缘区略可见，其余较模糊；外缘线灰色，内侧在翅脉间伴衬褐色小点列；肾状纹淡棕色圆斑，内侧具有前后 2 个黑色小点斑；亚缘线区橘色明显；翅脉色深可见。后翅底色黑色；基部散布灰白色长鳞毛；中横线白色，前宽后窄；外缘区在顶角、M_{1-2}、M_{2-3}、褶脉区和臀角具大小不一白斑。

分布：江西、山东、湖北、湖南、福建、广东、广西、云南、台湾；朝鲜、韩国、日本、印度、尼泊尔、缅甸、泰国、越南、印度尼西亚、菲律宾；南太平洋诸岛、大洋洲。

注：本种根据新分类系统当前隶属目夜蛾科 Erebidae 目夜蛾亚科 Erebinae。

4.14 螯夜蛾 *Ophisma gravata* Guenée, 1852（图版 6:1）

形态特征：翅展 52~54 mm。头部灰色至棕灰色；触角棕色。胸部和肩板棕黄色，后端灰黄色明显；领片棕灰色，散布红棕色。腹部多黄灰色。前翅淡棕黄色，散布黑色细小颗粒；基部灰色；基线、内横线不明显；中横线淡褐色至烟褐色略平直内斜；外横线淡褐色至烟褐色波浪形弯曲内斜，在 M_{1-2} 具有一明显黑色点斑；亚缘线较外横线色淡，且略平行；外缘线较底色深，内侧 R_5 脉至 Cu_3 脉间伴衬黑色点斑列；环状纹不显；肾状纹较淡的长圆形，有些个体极淡；外横线区色较淡；中横线至基部和外缘线区色深。后翅淡棕黄色至灰黄色；外横带黑色，前宽后窄；外缘线区同前翅底色；新月纹不显。

分布：江西、江苏、浙江、湖南、福建、海南、云南；印度、缅甸、马来西亚、新加坡。

注：本种根据新分类系统当前隶属目夜蛾科 Erebidae 目夜蛾亚科 Erebinae。

4.15 石榴巾夜蛾 *Dysgonia stuposa* (Fabricius, 1794)（图版 6:2）

形态特征：翅展 45~48 mm。头部和触角棕褐色。胸部、领片和肩板棕褐色。腹部褐色。前翅褐色至棕褐色，散布青白色；基线不显；内横线灰白色，外向弧形弯曲，在 Cu$_2$ 脉处外突明显；中横线极淡褐色，模糊，后半部略可见，有些个体极淡至不显；外横线 M$_1$ 脉前灰白色，略外斜，其后棕色波浪形弯曲内斜，在 M$_1$ 脉外突尖角明显；亚缘线淡棕灰色，前缘区可见，其后非常模糊，外侧在顶角区伴衬一大一小黑斑，后半部略见淡褐色模糊点斑，有些个体不显；外缘线棕褐色，内侧在翅脉间伴衬黑色小点列；饰毛深灰色；环状纹不显；肾状纹较淡扁圆形，模糊，内侧外框褐色可见；基部至内横线黑褐色，由内向外渐深；中横线区灰色；外横线区棕黑色，由内向外渐深；亚缘线区褐色；外缘线区淡灰褐色。后翅褐色至棕褐色；新月纹晕状小条斑；内横带白色，前宽后窄；外缘线黑色；外缘线区灰色，臀角区较宽。

分布：江西、河北、山东、江苏、浙江、湖北、福建、广东、海南、四川、云南、台湾；朝鲜、韩国、日本、斯里兰卡、菲律宾、印度尼西亚、柬埔寨、越南、印度、尼泊尔。

注：本种根据新分类系统当前隶属目夜蛾科 Erebidae 目夜蛾亚科 Erebinae。

4.16 肾巾夜蛾 *Dysgonia praetermissa* (Warren, 1913)（图版 6:3）

形态特征：翅展 56~60 mm。头部灰白色至白色；触角褐色。胸部和肩板红棕色；领片深棕色。前翅淡棕褐色；基线暗褐色，弧形弯曲；内横线深棕褐色，略平直外斜，在 2A 脉内斜；中横线深棕褐色，由前缘略内向弧形弯曲至后缘；外横线白色，在 M$_1$ 脉前弧形外斜，在 M$_1$ 脉外突成尖角，其后内向弧形弯曲至后缘，在后缘与中横线靠近；亚缘线不明显；外缘线纤细褐色，内侧双线间伴衬黑褐色小点斑列；肾状纹仅显一褐色小点斑，褶脉端斑较大；中横线至基部深棕褐色渐淡；外横线区白色，散布淡棕色；亚缘线区深棕褐色；顶角区棕褐色，由前向后渐深；外缘区棕灰色由内向外渐淡。后翅底色棕褐色；中横带白色，由前至后渐窄；外缘区灰色，褶脉端具有一黑色大眼斑。

分布：江西、浙江、湖南、福建、云南、台湾；印度。

注：本种根据新分类系统当前隶属目夜蛾科 Erebidae 目夜蛾亚科 Erebinae。

4.17 霉巾夜蛾 *Dysgonia maturata* (Walker, 1858)（图版 6:4）

形态特征：翅展 58~60 mm。头部棕褐色；下唇须褐色；触角丝状褐色。胸部棕褐色，领片褐色。腹部褐色。前翅底色褐色带灰色；基线灰褐色明显，在翅基部呈略圆弧形外曲；内横线灰褐色明显，由前缘斜向外延伸至后缘，略弧形弯曲；中横线明显，由前缘近平直延伸至后缘，线内侧淡紫灰色；外横线灰褐色明显，由前缘先斜向外成一锐角后内曲，后近平直延伸至后缘；亚缘线不明显；外缘线为一条黑褐色极细的线；饰毛灰褐色；环状纹不显；肾状纹不显；外缘线区棕色明显。后翅底色褐色；新月纹不显；外缘区部分略带淡紫灰色；饰毛褐色带紫灰色。

分布：江西、山东、河南、江苏、浙江、福建、海南、四川、贵州、云南、台湾；朝鲜、韩国、日本、俄罗斯、越南、马来西亚、印度尼西亚、印度、尼泊尔。

注：本种根据新分类系统当前隶属目夜蛾科 Erebidae 目夜蛾亚科 Erebinae。

4.18 故巾夜蛾 *Dysgonia absentimacula* (Guenée, 1852)（图版 6:5）

形态特征：翅展 48~51 mm。头部红棕色；触角深棕色。胸部和肩板棕红色，中央灰白色；领片棕红色，后缘灰色。腹部前 2 节淡棕色，其余部分褐黑色，散布灰白色鳞毛。前翅底色棕褐色；基线灰色内斜；内横线淡棕灰色略内向弧形弯曲双线，外侧线较粗，且明显；中横线棕黑色内斜；外横线青灰色，前缘区外斜，在 M_1 脉外突成尖角，其后内向弧形弯曲；亚缘线前缘区青灰色，其后淡棕色，小波浪形弯曲，模糊；外缘线棕灰色，在翅脉间伴衬一列褐色点斑；基部至内横线深棕褐色；中横线区外半部青灰色，内半部深棕褐色；外横线区深棕褐色至黑褐色；顶角区具有一深棕褐色斜斑；外缘线和亚缘线区由内至外淡棕色至烟黑色，翅脉上显青白色；环状纹呈一棕黄色小圆斑；肾状纹扁圆形，内部深棕褐色，外框淡棕色。后翅黑褐色，散布烟黑色；基半部密布深灰色长鳞毛；亚缘线在臀角区可见灰白色；外缘区淡棕色至青灰色；有些个体翅脉可见亮棕色；外缘线同前翅。

分布：江西、广东、台湾；朝鲜、韩国、印度、斯里兰卡、印度尼西亚。

注：本种根据新分类系统当前隶属目夜蛾科 Erebidae 目夜蛾亚科 Erebinae。

4.19 玫瑰条巾夜蛾 *Parallelia arctotaenia* (Guenée, 1852)（图版 6:6）

形态特征：翅展 42~43 mm。头部灰褐色；触角褐色。胸部、领片、肩板深棕褐色。腹部淡棕褐色，节间棕灰色。前翅棕黑色至棕褐色；基线黑色；内横线黑色略平直外斜；中横线黑色，略内向弧形弯曲外斜；外横线在前缘区白色外斜，在 M_1 脉处形成突角后再内斜至后缘，与内横线成一尖锐角；亚缘线淡棕灰色，后半部隐约可见，内侧在翅脉上伴衬黑色点斑，前部外侧在顶角区有 2 个黑色斑；外缘线黑色，内侧在翅脉间具有黑色小点斑列；饰毛米黄色至米灰色；基部至内横线间黑褐色渐深；中横线区白色至乳白色，前后缘区散布淡棕色；外横线区褐黑色；亚缘线区烟褐色至黑褐色；外缘线区由烟褐色至米灰色渐变；肾状纹仅显隐约的环形斑。后翅底色同前翅；中横带白色，前宽后窄；外缘线区米黄色至米灰色，Cu_2 脉端较宽，在褶脉区隐约可见黑色块斑；新月纹隐约可见小线条段。

分布：江西、河北、江苏、浙江、湖北、福建、广东、广西、四川、贵州、云南；朝鲜、韩国、日本、俄罗斯、缅甸、斯里兰卡、孟加拉国、斐济。

注：《中国动物志》（夜蛾科）中将本种归入"*Dysgonia* 属"称之为"玫瑰巾夜蛾"；根据"Genus *Parallelia* Hübner, 1818"独立成属，当前本种隶属该属中，在此新给出中文属名"条巾夜蛾属"，并将本种更名为"玫瑰条巾夜蛾"。根据新分类系统当前隶属目夜蛾科 Erebidae 目夜蛾亚科 Erebinae。

4.20 毛胫夜蛾 *Mocis undata* (Fabricius, 1775)（图版 6:7）

形态特征：翅展 47~48 mm。头部棕灰色；触角棕黄色。胸部深棕色；领片后缘色淡。腹部棕黄色。前翅棕色至淡红棕色；基线黑色，近达 2A 脉；内横线黄棕色，外斜，在 2A 脉小弯曲可见；中横线棕黑色至烟黑色，波浪形弯曲内斜，在中室后缘外突尖角明显；外横线棕黑色至烟黑色，弯曲极大，前缘区小直线，其后在 R_3 至 M_1 脉间形成梯形外突，再波浪形内斜至 Cu_2 脉围成一附环纹，在 Cu_{1-2} 相连后向内前方弧形弯曲至中室后缘后大波浪形内斜，在 Cu_2 后内突成一钝角；亚缘线淡灰棕色，由前缘略内斜，在 M_1 至 Cu_2 脉上可见黑色点斑列；外缘线烟黑色至黑色，波浪形弯曲，中部内侧伴衬红棕色；饰毛红棕色，臀角区和顶角区色淡；基部中室后缘前黑色；中横线区色深，后缘区具一烟黑色圆斑，前缘区隐约可见一个较模糊的略小的烟黑色圆斑；亚缘线区外半部色深，内半部在 Cu_1 脉之后色淡；外缘线区密布灰色；肾状纹色淡，大卵圆形，外侧色深，中央具有一暗色条线。后翅棕黄色，散布淡烟棕色；新月纹隐约可见小点斑；外横线暗棕褐色；亚缘线暗棕褐色，前宽后窄；外缘线同前翅；饰毛在 M_3 至褶脉端暗棕褐色明显，前半部和臀角区棕黄色。

分布：江西、河北、山东、河南、江苏、浙江、湖南、福建、广东、贵州、云南、台湾；朝鲜、韩国、日本、俄罗斯、斯里兰卡、缅甸、新加坡、菲律宾、印度尼西亚、越南、印度、尼泊尔、孟加拉国、巴布亚新几内亚、斐济、澳大利亚；非洲。

注：根据新分类系统当前隶属目夜蛾科 Erebidae 目夜蛾亚科 Erebinae。

4.21 宽毛胫夜蛾 *Mocis laxa* (Walker, 1858)（图版 6:8）

形态特征：翅展 39~41 mm。头部褐棕色；触角棕色。胸部褐棕色，散布亮棕色。腹部灰棕色；前翅棕灰色，散布褐色细小颗粒；基线褐色外斜线段；内横线橘棕色略内向弧形内斜；中横线较淡橘棕色内向弧形外斜；外横线纤细橘棕色，外侧伴衬黑色宽条斑；亚缘线在前缘可见纤细橘棕色，其后模糊，外侧前缘至 Cu_2 脉翅脉上伴衬黑色点斑；外缘线烟褐色至深棕褐色；饰毛同底色；肾状纹内斜扁圆形，外侧伴衬黑色内斜条斑；中横线区黑色为主，外半部色淡。后翅灰棕色；外横线隐约可见细条；亚缘线呈边界模糊的条带；外缘线棕褐色。

分布：江西、河南、浙江、湖北、湖南、云南；印度、孟加拉国、泰国。

注：根据新分类系统当前隶属目夜蛾科 Erebidae 目夜蛾亚科 Erebinae。

4.22 阴耳夜蛾 *Ercheia umbrosa* Butler, 1881（图版 7:1）

形态特征：翅展 39~41 mm。个体差异较大的种类之一。头部灰白色；触角黑褐色。胸部棕红色，散布火红色；肩板色淡。腹部灰色，前 2 节背部具淡棕红色小毛簇。前翅黑褐色，散布棕红色；基线黑色外斜条斑，外侧伴衬晕状棕红色；内横线黑色，略波浪形外斜至中室前缘，其后断裂，在中室后缘内斜；中横线黑色，较模糊，在前缘区略可见；外横线黑色，外斜线至 M_1 脉出现断裂，从 Cu_1 脉后波浪形弯曲内斜到后缘，较模糊；亚缘线白色至青白色，前缘区略显，至 M_1 脉出现断裂，从 Cu_1 脉后波浪形弯曲内斜到后缘，在臀角区显扩散状；外缘线黑色，有些个体中部出现断裂；环状纹呈一小点斑；肾状纹棕红色晕斑。后翅深灰褐色至深灰色；中横线深灰褐色波浪形细线，隐约可见；外横线和外缘线区褐色明显。

分布：江西、广东、海南、贵州、四川、台湾；朝鲜、韩国、日本、印度尼西亚、印度、尼泊尔。

注：根据新分类系统当前隶属目夜蛾科 Erebidae 目夜蛾亚科 Erebinae。

4.23 雪耳夜蛾 *Ercheia niveostrigata* Warren, 1913（图版 7:2）

形态特征：翅展 45~47 mm。头部灰色，散布棕色；触角棕色。胸部灰色，散布青白色，中央具有淡红棕色环；领片红棕色至棕褐色；肩板较胸部色淡。腹部灰色，前 2 节背部着生淡红棕色小毛簇；前翅棕灰色至灰色；基线黑褐色，仅在前缘可见；内横线黑褐色细线，波浪形弯曲外斜，有些个体仅前缘区可见；中横线多呈烟黑色晕纹，波浪形弯曲，有些个体仅前缘可见；外横线前缘区双线，M₁脉后外侧线不显，内侧线波浪形弯曲，Cu₂脉后外侧伴衬白色；亚缘线纤细青白色，波浪形弯曲，极模糊，仅臀角区呈扩散状；外缘灰白色，内侧翅脉间黑褐色细小颗粒斑列；基纵线黑色，沿褶脉外伸至外缘，在外横线区可见一白色纵条斑；肾状纹可见扁条形斜斑；后缘区基部至内横线可见黑色条斑。后翅灰色至淡棕灰色；新月纹可见褐灰色弯条斑；中横线褐灰色波浪形弯曲，中部内凹；亚缘线和外缘线区褐色明显。

分布：江西、江苏、浙江、湖南、福建、四川、台湾；朝鲜、韩国、日本。

注：根据新分类系统当前隶属目夜蛾科 Erebidae 目夜蛾亚科 Erebinae。

4.24 庸肖毛翅夜蛾 *Thyas juno* (Dalman, 1823) （图版 7:3）

形态特征：翅展 82~88 mm。头部棕褐色；下唇须褐色；触角丝状黑褐色。胸部暗褐色，领片棕褐色。腹部灰褐色带赭红色。前翅底色棕褐色；基线棕褐色明显，由前缘斜向外延伸近达 2A 脉；内横线棕褐色明显，由前缘斜向外延伸至后缘；中横线不明显；外横线棕褐色明显，由前缘近平直延伸至后缘；亚缘线棕褐色明显，由顶角呈圆弧形内曲延伸至后缘；外缘线为一条橘棕色细线，内侧翅脉端伴衬黑色小点斑；饰毛棕褐色；环状纹不明显，仅可见一深褐色小点；肾状纹黑褐色明显，为一不规则近肾形斑块。后翅底色黑色，中心部分可见一亮蓝色镰刀形斑，顶角及外缘橙红色；新月纹不显；外缘区在中部略带细小黑色鳞片；饰毛橙黄色。

分布：江西、黑龙江、辽宁、河北、山东、河南、安徽、浙江、湖北、湖南、福建、海南、四川、贵州、云南、台湾；朝鲜、韩国、日本、俄罗斯、菲律宾、印度尼西亚、马来西亚、印度、尼泊尔。

注：根据新分类系统当前隶属目夜蛾科 Erebidae 目夜蛾亚科 Erebinae。

4.25 斜线关夜蛾 *Artena dotata* (Fabricius, 1794) （图版 7:4）

形态特征：翅展 67~69 mm。颜色上个体差异较大。头部棕褐色，散布白色；触角深棕色。胸部棕褐色至暗棕色，散布灰色。腹部灰色，中央具细小棕灰色纵纹。前翅棕褐色至黑褐色；基线棕灰色弧形线，后端有一细小黑斑；内横线棕灰色至灰色，由前缘外斜至后缘，褶脉区略凹；外横线棕灰色至灰色，略外斜，中部波浪形；亚缘线黑色由顶角略平直内斜至臀角，外侧伴衬青灰色；外缘线黑色，内侧伴衬波浪形曲线；饰毛中部烟黑色；环状纹呈一黑点斑；肾状纹呈前后排列的 2 个小黑环形斑，外框黑色；中、外横线区色较淡；

亚缘线区红棕色，由内向外渐深；外缘线区淡灰棕色。后翅黑色至烟黑色，基半部色淡；中横线蓝白色至青白色，由前至后渐宽；外缘线黑色，内侧伴衬青白色；饰毛淡灰黄色。

分布：江西、陕西、河南、江苏、浙江、湖北、湖南、福建、广东、四川、贵州、云南、台湾；朝鲜、韩国、日本、俄罗斯、缅甸、新加坡、菲律宾、印度尼西亚、越南、泰国、柬埔寨、斯里兰卡、印度、尼泊尔、巴基斯坦。

注：根据新分类系统当前隶属目夜蛾科 Erebidae 目夜蛾亚科 Erebinae。

4.26 苎麻夜蛾 *Arcte coerula* (Guenée, 1852)（图版 7:5）

形态特征：翅展 85~89 mm。颜色上个体差异较大。头部黑褐色；触角黑色。胸部粗壮，棕红色至深棕色。前翅棕红色，散布青蓝色至青白色鳞片；基线黑色外斜至 2A 脉；内横线黑色波浪形弯曲外斜，且前粗后细；中横线黑色晕带，由前缘略弯曲外斜至中室后缘后再内斜至后缘；外横线黑色，内、外侧伴衬红色，外斜，略弯曲至 M_3 脉，再齿状弯折至后缘；亚缘线 M_2 脉前淡棕红色，其后仅在翅脉间可见，内侧伴衬黑色点斑；外缘线棕红色，内侧翅脉间可见黑色点斑列；环状纹呈一黑色小点斑；肾状纹淡棕色腰果形，中央具黑色曲线；顶角区呈底色大斑，内侧伴衬黑色框；各横线区在前缘区和中室区底色明显，其余部分可见底色；基部灰色明显。后翅前缘区棕红色，散布烟黑色，其余部分底色黑色；中、外横线区蓝白色；外缘区仅在褶脉处可见蓝白色窄条带；外缘近臀角区开始凹陷明显。

分布：江西、河北、山东、浙江、湖北、湖南、福建、广东、海南、四川、云南、台湾；朝鲜、韩国、日本、俄罗斯、斯里兰卡、印度尼西亚、印度、尼泊尔；南太平洋若干岛屿。

注：根据新分类系统当前隶属夜蛾科 Noctuidae 封夜蛾亚科 Dyopsinae。

4.27 变色夜蛾 *Hypopyra vespertilio* (Fabricius, 1787)（图版 7:6）

形态特征：翅展 64~67 mm。颜色和斑纹上个体差异较大，在此仅以提供标本为例进行描述。头部灰色至棕灰色；触角褐色至棕褐色。胸部灰白色至棕灰色；领片深棕褐色至棕黑色。腹部灰白色至橘红色，也有些黄色和橘黄色。前翅灰色至棕色，颜色多样；基线淡灰色，隐约可见小弧线；内横线淡灰色，由前缘外斜至中室后缘再内斜，与 2A 脉组成一角后呈弧形弯曲至后缘，外侧伴衬较淡的烟黑色小点斑；中横线多模糊，有些个体略可见；外横线双线，前缘区黑色较远离，中室端上部较弱或不显，M_2 脉后侧双线靠近，呈棕色，内侧线较明显，外侧线外侧伴衬淡烟黑色细波浪纹；亚缘线淡灰色波浪形，前半部不明显，后半部略显；外缘线纤细深灰色，内侧翅脉间伴衬烟黑色点斑；肾状纹由 2 个小条斑和 3 个眼斑组成半圆形，内部同底色；顶角具内斜伸的棕褐色条斑，近乎与外横线相连。后翅底色同前翅，基半部色淡；中横线棕褐色；外横线灰色波浪形，内侧伴衬黑色细小点斑列；亚缘线灰色波浪形；外缘线和亚缘线区色略深；后缘黄色至米黄色。

分布： 江西、山东、江苏、浙江、福建、广东、海南、云南、台湾；朝鲜、韩国、日本、缅甸、越南、柬埔寨、斯里兰卡、印度尼西亚、马来西亚、印度、尼泊尔。

注： 根据新分类系统当前隶属目夜蛾科 Erebidae 目夜蛾亚科 Erebinae。

4.28 目夜蛾 *Erebus crepuscularis* (Linnaeus, 1758)（图版 7:7~8）

形态特征： 翅展 85~91 mm。本种总体斑纹基本一样，但在颜色、宽窄等方面变化很大。头部和触角咖啡色。胸部咖啡色至深褐色；领片后缘黑色。腹部灰褐色，第 2~4 节灰色渐淡。前翅咖啡色至深棕褐色；基线较底色淡，模糊；内横线淡灰褐色，波浪形弯曲略外向弧形；中横线黑色至深黑褐色，外侧伴衬白色，在 Cu_2 脉处内凹角明显；外横线白色，前缘不显，R_3 脉开始略内斜至后缘，在 M_3 至 Cu_1 脉间外侧外伸呈三角；亚缘线黑色至黑褐色，由前缘内斜至 M_3 脉，再外突后弯曲内斜，在 M_3 至 Cu_1 脉间内侧伴有一黑色圆点斑，M_2 脉前至后缘，内侧伴衬白色；外缘线淡棕褐色，锯齿形；中横线至基部色深；外横线、亚缘线和外横线区在 M_2 脉前围成一略三角形深斑；环状纹圆形大眼斑，内半部色淡，变化较多，向外渐深；肾状纹不显。后翅底色同前翅，基部灰白色；中横线深褐色，外侧伴衬灰色细条线；外横线白色；亚缘线前缘区白色，其外黑色，内侧伴衬少量白色，由 Rs 外突方形后波浪形内斜，在 M_3 至 Cu_1 脉间外突呈条形；外缘线锯齿形。

分布： 江西、浙江、湖北、湖南、福建、广东、海南、广西、四川、云南、台湾；韩国、日本、泰国、越南、缅甸、斯里兰卡、印度尼西亚、新加坡、马来西亚、印度、尼泊尔。

4.29 绕环夜蛾 *Spirama helicina* (Hübner, [1831]1825)（图版 8:1）

形态特征： 翅展 59~68 mm。体色多样，翅斑纹路和颜色或浅或深。头部暗棕灰色；触角棕褐色。胸部黄褐色，中、后胸具有深色横条；领片棕红色。腹部黄褐色，散布黑褐色。前翅底色棕褐色至暗褐色；基线灰色，不明显；内横线烟黑色至黑褐色晕状，弧形弯曲，内侧伴衬灰色，后半部外侧伴衬棕红色；中横线不明显；外横线双线，内侧线烟黑色至棕褐色或深棕色，弧形外向弯曲至后缘，近后缘区伴衬淡棕色，外侧线黑色至棕褐色，由前缘呈大圆弧形外曲至后缘，外侧略伴衬晕状灰白色；亚缘线棕褐色至黑褐色双线，微波浪形弯曲，内斜；外缘线黑色双线，由前缘近锯齿状延伸至后缘；饰毛褐色；肾状纹为一近似太极状眼斑。后翅底色同前翅；斑纹类似前翅；饰毛褐色。

分布： 江西、山东、辽宁、北京、河北、江苏、浙江、福建、湖北、广东、四川、云南、台湾；朝鲜、韩国、日本、缅甸、马来西亚、印度、斯里兰卡、尼泊尔。

注： 根据新分类系统当前隶属目夜蛾科 Erebidae 目夜蛾亚科 Erebinae。

4.30 环夜蛾 *Spirama retorta* (Clerck, 1759)（图版 8:2~4）

形态特征： 翅展 63~69 mm。个体变异较大的种类之一。头部黄褐色至暗褐色；触角黄褐色。胸部黄褐色至棕褐色；领片暗褐色。腹部黄褐色带黑褐色。前翅底色棕褐色至暗褐色；基线不明显，仅在翅基部可见一黑褐色短条带；内横线黑褐色明显，由前轻微外折后再向斜内折，呈大弧形弯曲向后延伸，内侧白色或灰色，中室后缘伴衬烟黑色；中横线不明显；外横线黑色至黑褐色双线，内侧线较外侧线色淡，由前缘外向弧形至后缘，内侧线内斜较深；亚缘线黑褐色双带，波浪形弯曲；外缘线锯齿状黑色双线；饰毛褐色；环状纹不显；肾状纹巨大，明显，后半部为一蝌蚪状暗褐色眼斑，与前半部同底色。后翅底色同前翅；新月纹隐约可见；斑纹类似前翅；饰毛褐色。有些个体前后翅基半部黑色至棕黑色，其外色渐淡。

分布： 江西、辽宁、山东、河南、江苏、浙江、湖北、福建、广东、海南、广西、四川、云南、台湾；朝鲜、韩国、日本、缅甸、斯里兰卡、马来西亚、菲律宾、越南、柬埔寨、印度、孟加拉国、尼泊尔。

注： 根据新分类系统当前隶属目夜蛾科 Erebidae 目夜蛾亚科 Erebinae。

4.31 蓝条夜蛾 *Ischyja manlia* (Gramer, 1766)（图版 8:5~6）

形态特征： 翅展 85~100 mm。个体变异较大。头部深褐色至深棕褐色，有些前部红棕色明显；触角多深棕褐色。胸部深棕褐色至红棕色；领片后缘黑色偏多。腹部红褐色至红棕色。前翅红棕色至褐色；基线短小，黑色细小，模糊；内横线黑色至烟黑色，波浪形弯曲略外斜；中横线不显，或烟黑色至黑色波浪形弯曲外斜；外横线烟黑色至黑色，平直内斜；亚缘线烟黑色晕状或后部极淡，前缘区极其模糊，有些个体略可见，波浪形内斜至后缘与外横线靠近；外缘线褐色至棕色；顶角尖锐角形，具有一内斜条纹，与亚缘线在 R_5 脉相连；环状纹棕黄色至棕色小至中型圆点斑；肾状纹不规则椭圆形，模糊至棕黄色；有些个体在中室后缘后、2A脉前外横线至内横线区显示黑色长弓斑，内、外端具有黄色条纹；亚缘线区和外横线区色淡，或其中一个区色较淡；Cu_1脉在亚缘线区具有一黑色小点斑，M_3脉上黑色点斑或有或无。后翅底色同前翅；中横带呈宽蓝色，前宽后窄，在后缘区呈黑色，内侧伴衬橘红色条纹；外缘区散布紫色，臀角区色淡。

分布： 江西、山东、浙江、湖南、福建、广东、海南、广西、云南；日本、泰国、柬埔寨、越南、缅甸、斯里兰卡、菲律宾、马来西亚、印度尼西亚、印度、尼泊尔。

注： 根据新分类系统当前隶属目夜蛾科 Erebidae 目夜蛾亚科 Erebinae。

4.32 窄蓝条夜蛾 *Ischyja ferrifracta* (Walker, 1865)（图版 8:7）

形态特征： 翅展 88~102 mm。个体变异较大。头部前半部灰褐色，后半部深褐色，散布棕色，有些个体颜色差较小；触角褐色。胸部深褐色，散布棕色，后胸末端散布淡棕褐色。腹部深褐色。前翅褐色至灰褐色；基线暗褐色短弧线；内横线棕灰色，波浪形弯曲外斜；中横线暗褐色，波浪形弯曲略内斜，外侧后缘和 Cu_2 脉上伴衬棕灰色至米黄色点斑明显；外横线暗褐色较模糊，晕状，略直内斜；亚缘线在 M_1 脉可见棕灰色至淡灰色，其后略可见，极模糊；外缘线灰色纤细；顶角尖锐，外缘顶角区略凹，具一橘红至棕红和黑色相伴的内斜线与亚缘线相连；亚缘线和内横线区色较淡，后者密布灰白色；环状纹灰色圆斑；肾状纹灰色短铆钉状；亚缘线区 Cu_1 脉上具有一明显黑色斑，外围散布棕红色。后翅基部棕黑色，密布棕色长鳞毛；中横带蓝色，前宽后窄；外缘区由前至后黑色渐淡。

分布： 江西、海南、广西、台湾；日本、泰国、缅甸、斯里兰卡、菲律宾、马来西亚、印度尼西亚、印度。

注： 根据新分类系统当前隶属目夜蛾科 Erebidae 目夜蛾亚科 Erebinae。江西省新记录种。

4.33 窗夜蛾 *Thyrostipa sphaeriophora* (Moore, 1867)（图版 8:8）

形态特征： 翅展 39~42 mm。头部和胸部灰棕色至浑灰色。腹部淡灰棕色。前翅灰棕色至淡棕褐色；基线深棕色小短斑；内横线深棕色至棕褐色波浪形弯曲，中室处内凹明显，内侧伴衬灰白色至灰色；中横线深棕色略波浪形弯曲内斜，边界不明显，呈模糊的晕带；外横线前缘区灰白色至白色，其后小波浪形弯曲内斜，Cu_2 脉后外侧伴衬灰白色；亚缘线深棕色至棕褐色，波浪形弯曲内斜；外缘线棕褐色；外缘在 M_3 脉端略外突，Cu_1 脉后内斜明显；环状纹呈不规则白色斑块；肾状纹白色 "<" 条斑；内横线区、中横线区后半部、亚缘

线区前端和后缘为深棕色。后翅底色同前翅或略淡；新月纹深褐色小点斑；中横线烟褐色，较模糊；外横线深褐色至棕褐色，小波浪形弯曲；亚缘线深棕色至棕褐色，伸达臀角；外缘线同前翅；外缘线区棕红色明显。

分布：江西、江苏、湖北、湖南、福建、广西；泰国、马来西亚、印度尼西亚、尼泊尔、印度、孟加拉国。

注：根据新分类系统当前隶属目夜蛾科 Erebidae 目夜蛾亚科 Erebinae。

4.34 蚪目夜蛾 *Metopta rectifasciata* (Ménétriès, 1863)（图版 9:1）

形态特征：翅展 58~61 mm。头部暗褐色；触角栉状褐色。胸部黄褐色，领片暗褐色。腹部褐色带灰黑色。前翅底色暗褐色；基线不明显，仅在前缘可见一黑褐色短带；内横线黑褐色明显，由前轻微外折后呈大波浪形向后延伸，末端较模糊；中横线略明显，于前缘可见一暗影条带，中室后缘至翅后缘可见明显的黑色直线；外横线白色条带，略弧形弯曲；亚缘线灰白色至白色，外侧伴衬黑色条斑，由前缘呈不规则波浪状向后延伸，R_4 至 M_1 脉和 M_3 至 Cu_1 脉间外伸明显；外缘线为一条淡褐色细线；饰毛黑褐色；环状纹不显；肾状纹巨大明显，为一太极状暗褐色眼斑，边缘白色；外横线区除前缘区和后缘之外均为黑色；中横线区在中室为黑色；亚缘线区由内向外从白色逐渐转为褐色；前缘区烟黑色至烟褐色条带。后翅底色暗褐色；新月纹不明显；外横线宽大白色，由前缘平直延伸至后缘，亚缘线白色，锯齿状波浪形，外侧伴衬黑色斑；外缘线区散布灰白色。

分布：江西、浙江、江苏、湖南、福建、台湾；朝鲜、韩国、日本、俄罗斯。

注：根据新分类系统当前隶属目夜蛾科 Erebidae 目夜蛾亚科 Erebinae。

4.35 树皮乱纹夜蛾 *Anisoneura aluco* (Fabricius, 1775)（图版 9:2）

形态特征：翅展 103~108 mm。头部棕红色至棕褐色；触角褐色。胸部深棕褐色，各节间色略深；领片后缘色淡。腹部深棕褐色。前翅褐色至灰褐色，散布烟黑色和棕色；基线黑色弯曲细线段；内横线黑色，前缘呈一斑块，其后弯曲内斜，中室区内弯明显；中横线黑色，前缘呈一斑块，其后伸达 Cu_2 脉；外横线黑色，前缘呈一斑块，前缘区外斜明显，其后波浪形内斜至后缘，Cu_1 脉后伴衬灰棕色；亚缘线灰棕色，较模糊，有些个体内斜伴衬大小不一的黑色条斑；外缘线黑色双线，内侧线明显，外侧线模糊；环状纹黑色略圆形斑，密布棕黄色；肾状纹黑色块斑，密布棕褐色；前缘区灰色条带明显；亚缘线区多棕色；顶角至基部后缘呈一内斜烟黑色晕条带。后翅底色同前翅；中横线黑色波浪形内斜线，内、外侧伴衬灰棕色；外横线黑色粗线，略弯曲内斜，外侧伴衬红褐色条带；亚缘线黑色略波浪形内斜；外缘线烟黑色；外缘波浪形，2A 脉端外伸突角明显。

分布：江西、福建、湖南、四川、云南、西藏、台湾；日本、越南、缅甸、柬埔寨、泰国、新加坡、菲律宾、马来西亚、印度尼西亚、印度、尼泊尔、澳大利亚。

注：根据新分类系统当前隶属目夜蛾科 Erebidae 目夜蛾亚科 Erebinae。

4.36 黄带拟叶夜蛾 *Phyllodes eyndhovii* (Vollenhoven, 1858)（图版 9:3）

形态特征：翅展 96~104 mm。头部橘灰色至橘色；触角灰色。前、中胸部棕红色至橘红色，后胸灰色，散布烟黑色；领片橘红色；肩板灰棕色。腹部深灰色。前翅棕褐色至深棕色；基线暗褐色弧形线段；内横线略深棕褐色条带，大波浪形弯曲内斜，内侧伴衬较淡条带；中横线略深棕褐色条带，弯曲与内横线相反；外横线略深棕褐色条带，较模糊；亚缘线烟黑色，在 R_{4-5} 外伸成角，其后内斜至臀角；外缘线近同底色；顶角前缘大弧形弯曲，致使顶角成尖角形；中横线、外横线和亚缘线区色略淡；环状纹呈一黑点斑；肾状纹棕红色至橘红色，略呈倒铆钉形。后翅黑色，中横带橘红色明显；外缘区由内至外渐淡。

分布：江西、福建、广东、四川、台湾；泰国、马来西亚、越南、印度尼西亚、菲律宾、印度、不丹。

注：根据新分类系统当前隶属目夜蛾科 Erebidae 壶夜蛾亚科 Calpinae。

4.37 木叶夜蛾 *Xylophylla punctifascia* Leech, 1900（图版 9:4~5）

形态特征：翅展 96~104 mm。个体变异较大。头部和触角灰棕色至棕褐色。胸部和腹部棕褐色至棕色，散布烟黑色。前翅棕褐色至棕灰色；基线模糊；内横线淡棕褐色，较模糊，有些个体前半部暗棕褐色；中横线和外横线多深褐色至烟褐色，有些个体黑褐色，且前后缘区可见，后者较明显；亚缘线深褐色双线，有些个体黑褐色；环状纹黑色小点斑；肾状纹为前小后大的 2 个白色点斑组成，前者条斑，后者三角形斑；顶角尖锐；有些个体基部前缘区黑色明显，中室端烟黑色较浓。后翅黑色至深棕褐色；中横带橘红色锯齿状，或分裂的点斑列；外缘区同底色或渐淡。

分布：江西、浙江、湖北、四川、云南；泰国。

注：根据新分类系统当前隶属目夜蛾科 Erebidae 壶夜蛾亚科 Calpinae。

4.38 直影夜蛾 *Lygephila recta* (Bremer, 1864)（图版 9:6）

形态特征：翅展 37~44 mm。头部黑色；触角棕褐色至黑褐色。胸部黄褐色；领片黑色。腹部深褐色至棕灰色。前翅底色褐色至棕灰色；基线棕褐色明显，内斜；内横线棕褐色明显，由前缘略向外曲，后近平直延伸至后缘；中横线略明显，仅可见一黑褐色暗影区，于中室处向外呈一折角后延伸至后缘，有些个体很模糊；外横线棕褐色至淡灰色，由前缘先向外形成一近圆弧形大折角，再向后缘略呈波曲状延伸；亚缘线灰色至棕灰色，由前缘平直延伸至后缘；外缘线棕灰色至黄灰色，内侧伴衬一条不连续的黑色细线或点斑列；饰毛淡棕褐色；环状纹不明显；肾状纹黑色明显，为一列大小不一的不规则黑色点斑所围成的近肾形斑块，中间为深褐色；外横线区外半部色深。后翅底色淡黄褐色至淡棕褐色；新月纹隐约可见，或淡晕状；外缘区颜色较深；饰毛黄褐色至棕灰色。

分布：江西、黑龙江、湖南、福建、四川、云南；朝鲜、韩国、日本、俄罗斯。

注：根据新分类系统当前隶属目夜蛾科 Erebidae 目夜蛾亚科 Erebinae。

4.39 小桥夜蛾 *Anomis flava* (Fabricius, 1775)（图版 9:7）

形态特征：翅展 24~26 mm。个体变异较大。头部灰黄色至黄色；触角褐色至棕褐色。胸部橘黄色至灰褐色，散布米黄色。腹部橘黄色至灰黄色。前翅黄色至橙黄色；基线棕褐色弧形；内横线棕褐色大波浪形外斜，褶脉上外突角明显；中横线棕褐色至灰褐色，略内斜，在后缘与内横线相连；外横线棕褐色至深褐色，由前缘波浪形外斜至 M_3 脉后纵向内伸与中横线相连；亚缘线灰黄色至橘灰色，波浪形弯曲；外缘在 M_3 脉端成一突角明显；环状纹棕褐色圆环；肾状纹灰褐色至烟黑色扁圆斑；顶角尖锐；中横线至外缘间色深，或棕色明显。后翅米黄色至淡灰色，由内至外渐深。

分布：江西、内蒙古、山东、河南、福建、台湾，除西北外各棉区；亚洲、欧洲、非洲大部分地区。

注：根据新分类系统当前隶属目夜蛾科 Erebidae 棘翅夜蛾亚科 Scoliopteryginae。

4.40 超桥夜蛾 *Anomis privata* (Walker, 1865)（图版 9:8）

形态特征：翅展 24~26 mm。个体变异较大。头部棕黄色至米黄色；触角棕褐色。胸部棕绿色至棕灰色。腹部灰绿色至灰白色。前翅深棕褐色至枯黄色，有些个体散布绿色；基线褐色弧形条带，或不显；内横线褐色，有些内侧伴衬灰色；中横线模糊；外横线褐色，由前缘波浪形弯曲外斜至 Cu_1 脉后断裂，再在肾状纹后侧 Cu_1 脉基部略平直达后缘；亚缘线灰黄色至灰色，内侧伴衬烟黑色至烟褐色；外缘线褐色；外缘 M_3 脉外突成角；顶角尖锐；翅脉灰黄色可见；环状纹呈一白色小点斑；肾状纹扁圆形，内侧边框较明显。外缘线区和亚缘线区色多深。后翅深灰色至棕褐色，有些个体散布绿色；中横带不显，或隐约可见淡色条带。

分布：江西、山东、浙江、福建、广东、四川、云南、台湾；朝鲜、韩国、日本、俄罗斯、印度、斯里兰卡、缅甸、印度尼西亚；大洋洲、北美洲。

注：《中国动物志》（夜蛾科）中引用其同物异名"*Anomis fulvida* Guenée, 1852"，在此予以更正。根据新分类系统当前隶属目夜蛾科 Erebidae 棘翅夜蛾亚科 Scoliopteryginae。

4.41 巨仿桥夜蛾 *Anomis leucolopha* Prout, 1928（图版 10:1~2）

形态特征：翅展 50~51 mm。头部灰红色至深橘红色；触角灰红色。胸部橘红色至红色；领片橘红色，有些个体泛淡黄色；肩板大多色略深。腹部多灰色，散布淡橘红色。前翅橘红色至暗橘红色，散布深红色和灰白色；基线深红色，短弧形；内横线深红色，由前缘小波浪形外斜至中室后缘，再以大波浪形略内斜至后缘；中横线深红色，前缘区缺失，其后波浪形略内斜至后缘；外缘线深红色由前缘波浪形弯曲内斜至 Cu_1 脉，其后缺失；亚缘线淡橘黄色，呈波浪形弯曲的略粗内斜线；外缘线和饰毛深红色；外缘在 M_3 脉短外伸呈尖角；环状纹深红色圆斑，中央具白色点；肾状纹深红色，腰果形，有些个体略模糊；基部后缘褐红色；外缘区和亚缘线区暗橘红色明显，翅脉灰白色可见。后翅深灰色至灰褐色；新月纹略显；外缘线灰色。

分布：江西；泰国、越南、印度尼西亚。

注：根据新分类系统当前隶属目夜蛾科 Erebidae 棘翅夜蛾亚科 Scoliopteryginae。

4.42 中桥夜蛾 *Anomis mesogona* (Walker, 1858)（图版 10:3）

形态特征：翅展 36~40 mm。头部黄褐色；触角褐色。胸部棕褐色至棕灰色；领片深褐色。腹部褐色至灰白色。前翅底色黄褐色至灰棕色；基线褐色弧形细条，模糊；内横线褐色略明显，由前缘略圆弧形弯曲至 2A 脉前再外伸；中横线仅前缘区褐色，略可见，有些个体模糊；外横线褐色明显，由前缘略斜向后延伸内折，至 M_3 脉处后内折，形成一不规则状突起，其后平直向后缘延伸，近后缘外侧伴衬灰白色；亚缘线淡灰色至灰白色波浪形弯曲内斜，内侧伴衬淡黑褐色；外缘线为一条暗褐色线；外缘在 M_3 脉端外伸成一明显角；环状纹可见一黑褐色暗影区，有些个体可见中间一白色微点；肾状纹较明显，为一黑褐色弧形段；前缘区色深。后翅底色淡黄褐色至灰白色；新月纹隐约可见小晕斑；外缘区部分颜色略深。

分布：山东、黑龙江、河北、浙江、福建、湖南、海南、贵州、云南；朝鲜、韩国、日本、俄罗斯、斯里兰卡、马来西亚、印度。

注：根据新分类系统当前隶属目夜蛾科 Erebidae 棘翅夜蛾亚科 Scoliopteryginae。

4.43 翎壶夜蛾 *Calyptra gruesa* (Draudt, 1950)（图版 10:4）

形态特征：翅展 58~61 mm。头部和胸部棕褐色，后者中央灰白色。腹部深褐色，前 3 节具有棕灰色毛簇。前翅棕褐色，散布灰色；基线深褐色，短弧形，明显；内、中横线深褐色，且与基线平行；外横线淡灰色，前半部弧形弯曲，后半部内斜至后缘，非常模糊，有些个体略可见；亚缘线双线，内侧线深棕褐色内斜直线，由顶角至后缘毛簇外基部，外侧线淡灰色，顶角区斜内伸，M₁ 脉后波浪形弯曲至后缘近臀角；外缘线棕灰色；外缘外向弧形；后缘基半部具毛簇延伸，外半部弧形凹陷；顶角尖锐；环状纹不明显；肾状纹扁圆形，较模糊，其内侧前后端黑色小点斑可见。后翅较前翅色淡；中横线褐色条带可见或模糊；基部色略淡；外缘区色略深。

分布：江西、陕西、浙江、湖北、湖南；韩国、日本。

注：根据新分类系统当前隶属目夜蛾科 Erebidae 壶夜蛾亚科 Calpinae。江西省新记录种。

4.44 壶夜蛾 *Calyptra thalictri* (Borkhausen, 1790)（图版 10:5）

形态特征：翅展 42~48 mm。头部黄褐色；触角短栉状褐色。胸部黄褐色至棕褐色；领片褐色较深。腹部灰褐色至淡黄褐色。前翅底色黄褐色带淡紫红色，有些个体淡棕色，翅面散布横向细裂纹；顶角呈弯尖角；基线褐色晕状；内、中横线烟褐色至灰褐色明显，由前缘略平直内斜至后缘；外横线烟褐色细线，由前缘外向弧形至 M₁ 脉，再大波浪形内斜至后缘；亚缘线双线，内侧线烟黑色至烟褐色，由顶角大波浪形弯曲内斜至后缘中部，内侧线淡棕色至橘红色，纤细，波浪形弯曲至后缘近臀角，中部外弧弯曲明显；外缘线为褐色细线；饰毛棕褐色至黄褐色；环状纹不明显；肾状纹烟褐色至烟黑色，外半部前、后黑色小条斑明显；外缘至亚缘线内侧线区域色淡；后缘基半部具毛簇延伸；臀角呈小弯角。后翅底色淡黄褐色至灰褐色，由内至外渐深；新月纹隐约可见；外缘区烟黑色至烟褐色；饰毛黄褐色。

30

分布：江西、黑龙江、辽宁、新疆、河南、山东、浙江、福建、四川、云南；朝鲜、韩国、日本；欧洲。

注：根据新分类系统当前隶属目夜蛾科 Erebidae 壶夜蛾亚科 Calpinae。

4.45 平嘴壶夜蛾 *Calyptra lata* (Butler, 1881)（图版 10:6）

形态特征：翅展 45~50 mm。头部灰褐色至棕黄色；触角棕褐色。胸部灰褐色至棕褐色；领片灰褐色至棕黄色。腹部灰褐色至黄灰色。前翅底色黄褐色至棕褐色，散布淡紫红色，翅面散布细裂纹；顶角外突较小；基线褐色较模糊，有些个体明显；内横线褐色明显，由前缘内斜至后缘；中横线褐色，多较模糊，为一暗褐色暗影带，有些个体略明显；外横线褐色晕状，非常模糊，由前缘外向弧形至 M_1 脉，其后内斜至后缘；亚缘线双线，内侧线黑褐色至棕褐色，由顶角内斜至后缘中部，外侧线烟黑色，后半部在翅脉上具黑色点斑；外缘线前部褐色至烟黑色细线，其余部分略同底色；饰毛棕褐色；环状纹不明显；肾状纹略明显扁圆形，前、后端可见黑色小点斑；后缘基半部具有毛簇延伸；臀角弯角状。后翅底色黄褐色至棕黄色；新月纹隐约可见晕斑；外横线可见烟黑色条线，外缘区黑色；饰毛黄褐色至黄色。

分布：江西、黑龙江、吉林、辽宁、内蒙古、河北、北京、山东、福建、云南；朝鲜、韩国、日本、俄罗斯。

注：根据新分类系统当前隶属目夜蛾科 Erebidae 壶夜蛾亚科 Calpinae。

4.46 嘴壶夜蛾 *Oraesia emarginata* (Fabricius, 1794)（图版 10:7）

形态特征：翅展 37~39 mm。头部橘黄色至橙色；触角橙褐色。胸部棕褐色至橙褐色，中央两侧具有深色条带，在后胸相连；领片灰色；肩板近后缘具有暗色横条纹。腹部灰色至棕色，第 1 节背部具有暗色毛簇。前翅橙色至棕红色，散布烟黑色细小刻点；基线橙色至深棕色，弧形弯曲；内横线橙色至深棕色双线，双线间灰色至橙灰色略多，波浪形内斜，前半部略远离，近后缘逐渐靠近；中横线橙色至深棕色双线，波浪形内斜，前半部略远离，近后缘逐渐靠近；外横线前半部橙色至深棕色双线，后半部灰色至淡棕色，M_1 脉前外斜，其后波浪形内斜至后缘中部；亚缘线双线，顶角区相邻，后缘分离，双线间橘红色至棕红色，内侧线烟黑色至棕黑色，略波浪形弯曲内斜，外侧线纤细黑色，略锯齿形内斜；外缘 M_2 脉端外突成钝角；顶角呈略外伸的小锐角；环状纹小圆斑，略可见；肾状纹大圆形，内侧同底色，外框棕褐色至橘红色，后端具有一小黑点斑；中横线区在中室后缘之后呈橘红色至深棕色；外缘区仅顶角和 M_2 脉间具橘红色月牙形斑，其余部分棕灰色至淡橘红色；中室后缘黑色明显。后翅灰色至棕灰色，翅脉深褐色；由基部至外渐深；饰毛灰白色至棕黄色。

分布：江西、山东、江苏、浙江、福建、广东、海南、广西、云南、台湾；朝鲜、韩国、日本、俄罗斯、印度尼西亚、尼泊尔、印度、巴基斯坦、也门；非洲。

注：根据新分类系统当前隶属目夜蛾科 Erebidae 壶夜蛾亚科 Calpinae。

4.47 鸟嘴壶夜蛾 *Oraesia excavata* (Butler, 1878)（图版 10:8）

形态特征：翅展 49~51 mm。头部赭黄色至棕红色；触角棕褐色。胸部赭褐色至橘红色，中、后胸中央具有黑色圆环；领片后缘红褐色。腹部棕灰色至黄灰色。前翅底色深棕褐色至橘红色，翅面散布银白色细裂纹；中室后缘黑色呈纵条斑；基线褐色双线，前缘区双线间具有 2 个黑斑；内横线黑褐色双线，在前缘略外弯折，中室后缘略断裂，其后波浪形内斜；中横线黑褐色双线，与内横线近似平行；外横线淡黑褐色双线，内侧线前部外弧形弯曲，与亚缘线内侧线在 M_2 脉处相合并，外侧线前部可见，中部断裂，M_2 脉后呈弧形至后缘；亚缘线三线，内侧二线黑色由顶角至后渐细且淡，外侧线纤细黑色，隐约可见；外缘弧形弯曲；顶角短弯角形；后缘基半部具毛簇延伸，其外侧弧形内凹，末端与外缘形成弯角；环状纹不显；肾状纹黑褐色至棕褐色，近似奔驰车标志，其后具一黑色小点斑。后翅底色灰黄色至浑黄色；新月纹隐约可见晕斑；外缘区褐色至黑褐色；饰毛黄褐色至棕黄色。

分布：江西、山东、江苏、浙江、湖南、福建、广东、广西、云南、台湾；朝鲜、韩国、日本。

注：根据新分类系统当前隶属目夜蛾科 Erebidae 壶夜蛾亚科 Calpinae。

4.48 肖金夜蛾 *Plusiodonta coelonota* (Kollar, 1844)（图版 11:1）

形态特征：翅展 29~30 mm。个体变异较大。头部棕黄色至棕色，中央具灰褐色纵条斑。胸部棕色至棕褐色，中央具有灰褐色条斑；领片色淡。腹部灰褐色至暗褐色。前翅淡棕黄色至棕褐色，散布金色；基纵纹黑色；基线黑色短条带；内横线黑色，波浪形弯曲内斜；中横线前部黑色波浪形弯曲，在中室后缘呈直线内斜至后缘；外横线黑色，前缘区外斜后再波浪形内斜至后缘；亚缘线双线，内侧线黑色，后端灰色可见，内侧线纤细且较模糊，内侧伴衬金色晕条；外缘 M_2 脉略外突；外缘线区顶角至 M_2 脉外侧具有一黑色楔形斑，其外金色；内横线区和亚缘线双线间金色明显；环状纹灰色圆斑，外框黑色；肾状纹近似牛蹄形，中央深红至棕灰色，外框黑色。

分布： 江西、福建、台湾，华东地区；朝鲜、韩国、日本、马来西亚、越南、斯里兰卡、缅甸、印度尼西亚、尼泊尔、印度。

注： 根据新分类系统当前隶属目夜蛾科 Erebidae 壶夜蛾亚科 Calpinae。

4.49 枯艳叶夜蛾 *Eudocima tyrannus* (Guenée, 1852)（图版 11:2）

形态特征： 翅展 95~103 mm。个体颜色差异较大。头部棕色，密布紫灰色；触角棕灰色。胸部棕灰色至棕色，散布紫灰色；领片棕色，散布紫灰色，后缘紫灰色。腹部深黄色。前翅底色棕褐色至棕色，呈枯叶状，顶角强烈外突；翅脉上可见细小黑色点斑列；基线不明显；内横线深棕色明显，由前缘近平直内斜延伸至后缘，2A 脉后外弧明显；中横线不明显，仅可见一棕褐色暗影带；外横线棕褐色晕带，模糊，中段色较深；亚缘线不明显，隐约可见；顶角向内略弧形延伸至后缘中部，Cu_2 脉前明显，其后色淡；外缘线为一条棕褐色细线；饰毛棕褐色；环状纹不明显，或可见一小点；肾状纹为一不规则暗色斑；基部在中室后缘之后具有一小黑点斑。后翅底色浓黄色，基部淡烟色；新月纹不显；外缘带可见一长黑色弧形条斑；外横带仅显一近元宝形黑斑；饰毛黄色略带烟色。

分布： 江西、辽宁、河北、山东、江苏、浙江、湖北、福建、海南、广西、四川、云南、台湾；朝鲜、韩国、日本、俄罗斯、越南、缅甸、马来西亚、印度尼西亚、尼泊尔、印度。

注： 根据新分类系统当前隶属目夜蛾科 Erebidae 壶夜蛾亚科 Calpinae。

4.50 凡艳叶夜蛾 *Eudocima falonia* (Linnaeus, 1763)（图版 11:3~4）

形态特征： 翅展 92~97 mm。个体变异较大。头部棕褐色至棕灰色，密布紫灰色；触角多棕色。胸部棕褐色至棕色；领片棕灰色，密布紫灰色；肩板较胸部色略深。前翅棕色至棕褐色，散布黑色至灰色；基线淡棕色至棕褐色弧形条带；基纵线仅呈一小褐色至黑色点斑；内横线双线，前缘分离，后缘邻近，深褐色至青灰色，内斜直线，内侧线外侧伴衬灰白色，外侧线色淡；中横线烟褐色双线，较模糊，前缘区略可见；外横线烟黑色至青灰色双线，内侧线较模糊，外侧线略明显，有些个体后半部伴衬白色，有些散布青灰色；亚缘线青灰色至灰白色，波浪形弯曲，有些个体近臀角区灰白色扩散或模糊，有些 M_3 脉前明显或模糊；环状纹多一黑色小点斑；肾状纹图钉至铆钉状，棕色至黑色；内横线区和亚缘线区棕黄色明显；外横线和中横线区色深，有些散布紫灰色，有些散布灰色，且后半部具黑斑块；有些个体外横线在 Cu_{1-2} 处可见白色附环纹；顶角具有烟黑色至棕色内斜线。后翅橘黄色至黄色；中横带仅在近后部呈一黑色弧形条斑；外缘区黑色，前宽后窄，延伸至 Cu_2 脉；外缘锯齿形。

分布：江西、黑龙江、山东、江苏、浙江、湖南、福建、广东、海南、广西、四川、云南、台湾；朝鲜、韩国、日本、俄罗斯、菲律宾、缅甸、泰国、越南、印度尼西亚、尼泊尔、印度；大洋洲、非洲。

注：《中国动物志》（夜蛾科）中引用其同物异名"*Eudocima fullonica* (Clerck, 1764)"，在此予以更正。根据新分类系统当前隶属目夜蛾科 Erebidae 壶夜蛾亚科 Calpinae。

4.51 鹰夜蛾 *Hypocala deflorata* (Fabricius, 1794)（图版 11:5）

形态特征：翅展 49~53 mm。个体变异大。头部灰色；触角棕色。胸部、领片和肩板灰色，散布黑色小点，中央两侧具褐色纵条。腹部黑黄色相间，腹节黑色，节间黄色。前翅灰白色至深烟黑色；基线棕红色至棕色弧形条斑，较模糊；内横线淡棕红色，前部较模糊，后部较明显，有些个体前后均较明显；中横线灰色至棕灰色，多模糊；外横线灰色至灰白色，波浪形弯曲；亚缘线除顶角黑色，内侧伴衬灰白色至棕灰色，在 Cu_1 脉外突成角近达外缘线；外缘线波浪形双线，外侧线黄灰色，内侧线黑色；前翅中部色较深，有些个体仅前缘区中部色深。后翅橘黄色至橘红色；前缘、后缘和外缘线区黑色，外缘线区较宽大，在近臀角区可见同底色的小条斑；基纵线黑色；新月纹黑色弧形斑。

分布：江西、河北、山东、福建、广东、海南、四川、贵州、台湾；朝鲜、韩国、日本、俄罗斯、泰国、斯里兰卡、印度尼西亚、印度、尼泊尔、美国（夏威夷）；非洲。

注：根据新分类系统当前隶属目夜蛾科 Erebidae 鹰夜蛾亚科 Hypocalinae。

4.52 斑戟夜蛾 *Lacera procellosa* Butler, 1877（图版 11:6）

形态特征：翅展 54~58 mm。个体颜色具有差异。头部深棕褐色；触角棕褐色。胸部、领片和肩板深棕褐色，散布青白色，胸部中央具棕红色小毛簇，领片后缘色深。腹部深褐色，散布青白色，节间黑色。前翅棕色和烟褐色相间，且渐变，类似页岩分层；基线黑色，仅在前缘区短弧线；内横线黑色，波浪形弯曲，外侧棕红色；中横线烟黑色晕状，中室后缘和翅后缘间可见波浪形黑色曲线；外横线黑色无规律弯曲，前缘内、外侧伴衬白色；亚缘线双线，灰白色和黑色相间呈波浪形弯曲内斜；外缘 M_3 脉端外突成小角；中横线和基部之间深烟褐色至棕褐色，散布青白色；外横线区色略淡；亚缘线区和外缘线区淡棕色至黄褐色；环状纹呈一小黑点斑；肾状纹棕红色扁楔形斑；外横线与翅脉和中横线组成很多条斑状；翅脉多黑色，少棕色。后翅棕褐色至深褐色，后半部和外缘区散布青白色；新月纹仅显晕点斑；中横线黑色条线；外横线双线，中部棕褐色至橙褐色，波浪形，伴衬青白色；亚缘线隐约可见棕褐色至橙褐色，M_{1-2} 和 M_{2-3} 处外突明显，且棕红色明显，掺杂白色；外缘线双线，外侧线灰色，内侧线黑色；外缘略锯齿状，M_3 脉端外突角明显。

分布：江西、湖南、海南、西藏、台湾；韩国、日本、斯里兰卡、菲律宾、泰国、越南、缅甸、印度尼西亚、印度、尼泊尔。

注：根据新分类系统当前隶属目夜蛾科 Erebidae 目夜蛾亚科 Erebinae。

4.53 黑斑析夜蛾 *Sypnoides pannosa* (Moore, 1882) （图版 11:7 ）

形态特征：翅展 46~48 mm。头部和触角棕褐色，雄性栉形。胸部黑色，掺杂棕褐色；领片和肩板黑色。腹部棕黄色至淡棕色，第三节棕褐色；末端灰褐色。前翅棕褐色至棕色，除前缘外密布黑色小点斑；基线红褐色，短小；内横线深棕褐色双线，内侧线掺杂黑色，直内斜；中横线棕灰色，较模糊，前缘略见，内侧伴衬深棕褐色；外横线棕灰色双线，波浪形，双线间深棕褐色；亚缘线棕灰色，前缘区和臀角区具亮黑色块斑；外缘线棕灰色，内侧伴衬褐色小点斑列；环状纹不显；肾状纹棕灰色近圆斑；内横线区黑色。后翅基半部较前翅色淡，外缘区近似前翅；外横线淡棕灰色，弧形弯曲；亚缘线棕灰色，中部断裂，近后缘内侧伴衬黑色；外缘线棕灰色，内侧伴衬黑色小点斑列，近后缘散布黑色；外缘区和亚缘线区深棕褐色。

分布：江西、湖南、台湾；泰国、印度尼西亚、印度、尼泊尔。

注：根据新分类系统当前隶属目夜蛾科 Erebidae 目夜蛾亚科 Erebinae。

4.54 异析夜蛾 *Sypnoides fumosa* (Butler, 1877)（图版 11:8 ）

形态特征：翅展 43~46 mm。头部灰褐色；触角褐色。胸部深棕褐色，后胸末端有黑色毛簇，有些个体色淡；领片和肩板色最深。前翅深棕褐色至深褐色；基线黑色小弧形，外侧伴衬棕红色；内横线黑色双线，波浪形略直内斜，外侧线较模糊，双线间和外侧线外侧灰白色至白色；中横线黑色双线，外侧线较粗，双线间及内侧线内侧均呈灰白色至白色；外横线棕灰色较模糊，略波浪形内斜；亚缘线黑色，波浪形内斜至臀角；外缘线棕灰色波浪形，内侧伴衬黑白相间的小点斑列，2A 脉上点斑白色明显；环状纹小圆环，中央白色，外框黑色；肾状纹棕红色扁条斑，边框白色，有些个体缺失白色边框；外横线区色淡；中横线区白色。后翅色较前翅淡，由内至外色渐深；中横线烟黑色弯曲条线；外横线烟黑色，后半部略明显且较粗；亚缘线烟黑色靠近外横线，内侧 Cu₁ 脉之后棕黄色；外缘线棕灰色波浪形弯曲，内侧在翅脉端伴衬黑白相间小点列。

分布：江西、湖南；韩国、日本、俄罗斯。

注：根据新分类系统当前隶属目夜蛾科 Erebidae 目夜蛾亚科 Erebinae。

4.55 肘析夜蛾 *Sypnoides olena* (Swinhoe, 1893)（图版 12:1）

形态特征：翅展 46~47 mm。头部棕褐色；触角棕黄色。胸部棕黄色，散布棕褐色；领片褐色。腹部棕红色至深棕色。前翅棕褐色至深棕色，散布淡红色；基线黑色双线，内侧线较淡；内横线黑色波浪形弧形双线，内侧线明显，外侧线前大半部淡棕褐色；中横线双线，内斜，内侧线黑色粗条，外侧线淡棕褐色；外横线淡棕褐色双线，较模糊，外侧线前半部弯曲较大；亚缘线黑色内斜，在 Cu₁ 脉前呈角状突起；外缘线灰黄色至棕灰色，波浪形弯曲，内侧翅脉端伴衬棕白相间的小点斑列；外缘线区色较淡；环状纹仅呈一白色小点斑；肾状纹扁条形，内部棕黄色至橘色。后翅淡棕褐色；中横线淡烟黑色双线，后端黑色明显，外侧线明显；外横线黑色宽条带；亚缘线黑色前部色淡，后半部黑色明显；外缘线同前翅；外缘锯齿状。

分布：江西、浙江、福建、云南、四川、贵州、西藏。

注：根据新分类系统当前隶属目夜蛾科 Erebidae 目夜蛾亚科 Erebinae。

4.56 光炬夜蛾 *Daddala lucilla* (Butler, 1881)（图版 12:2~3）

形态特征：翅展 47~49 mm。头部棕色和烟黑色相间；触角栉形棕褐色。胸部棕红色，掺杂黑色，末端灰白色；领片后缘黑色。腹部黑色，散布橙色。前翅棕褐色至橙色；基线黑色短小弧形；内横线黑色双线，弧形内斜；中横线黑色双线，外侧线前半部模糊，后半部明显，内侧线模糊；外横线黑色双线，前缘区相离，后缘相邻，外侧线明显，内侧线隐约可见条线段；亚缘线黑色，由前至后渐细，在 M₂₋₃ 外斜呈弯折；外缘线棕灰色至橙灰色，内侧伴衬黑色和橙色相间小条线列；环状纹呈一小白点；肾状纹略长方形，由内侧白色条带、外侧 4 个白点斑组成；基部亮棕褐色至橙色；内横线和中横线区多同底色，后者后缘具青白色点斑；有些个体外横线区灰色至灰白色散布，或同底色。后翅灰褐色至棕灰色；中横线烟黑色，边界不明显；外横线和亚缘线烟黑色至黑褐色，M₃脉双线合并呈宽大块斑，其后分离可见；外缘线棕灰色至橙灰色，内侧 M₁脉后伴衬黑色小条线列；外缘 M₃、Cu₁、

Cu$_2$ 脉端外突呈锯齿状，M$_3$ 脉处最大；外缘线区后半部棕褐色至橙褐色。

分布：江西、福建、广东、海南、云南、台湾；韩国、日本、俄罗斯、缅甸、越南、印度尼西亚、菲律宾、印度、尼泊尔、巴布亚新几内亚。

注：根据新分类系统当前隶属目夜蛾科 Erebidae 目夜蛾亚科 Erebinae。

4.57 白点朋闪夜蛾 *Hypersypnoides astrigera* (Butler, 1885)（图版 12:4）

形态特征：翅展 42~44 mm。头部黑褐色，散布棕褐色；触角棕褐色。胸部黑色，散布棕褐色。腹部灰褐色，背部中央至第六节具有黑色毛簇。前翅褐色至深褐色，散布黑色小颗粒和白色小点斑；基线黑色，外侧伴衬棕红色；内横线波浪形弯曲内斜，内侧伴衬棕红色，中室前缘处内凹成角；中横线烟黑色，呈波浪形弯曲内斜，内侧伴衬淡棕红色；外横线黑色，在肾状纹外侧大弯曲，中室后缘呈波浪形弯曲内斜至后缘，外侧棕红色；亚缘线黑色，波浪形弯曲内斜，内侧伴衬淡棕红色；外缘线淡棕灰色至黄灰色，内侧翅脉间伴衬黑白相间的小点斑列；环状纹小白点，外框黑色；肾状纹近圆形，中央灰黄色至灰白色圆斑，由 4 个小白点斑围绕；前缘可见白色至灰白色刻点；外缘锯齿状。后翅灰色至淡灰褐色；外横线烟褐色条线，Cu$_2$ 脉处内凹成角；外缘线和亚缘线区烟褐色，仅在亚缘线后端伴衬灰黄色条斑；外缘线淡棕灰色至黄灰色，内侧伴衬褐色至深灰褐色；外缘锯齿状；新月纹隐约可见。

分布：江西、浙江、福建、海南、四川、云南、台湾；朝鲜、韩国、日本、俄罗斯。

注：根据新分类系统当前隶属目夜蛾科 Erebidae 目夜蛾亚科 Erebinae。

4.58 曲带双衲夜蛾 *Dinumma deponens* Walker, 1858（图版 12:5）

形态特征：翅展 35~37 mm。头部棕褐色至棕红色；触角黑色。胸部棕红色和黑色横条相间。腹部棕红色至棕黄色，背部中央具一黑色纵条。前翅火红色至赤褐色；基部黑色；基线棕红色至棕灰色弧形弯曲；内横线棕灰色至红灰色波浪形弯曲，中室前缘、褶脉和后缘区外突明显；中横线不明显；外横线双线，内侧线棕灰色至红灰色，M$_2$ 和 2A 脉处外突成角，前者较尖锐，且大，外侧线灰色至灰白色，波浪形弯曲；亚缘线灰黄色，前宽后窄；外缘线橘黄色至灰黄色波浪形，内侧伴衬黑白色相间的点斑列；外缘线区棕红色至火红色，M$_{1-2}$ 具一黑色圆点斑，M$_2$ 至 Cu$_1$ 脉之间具黑褐色块斑；亚缘线区、外横线双线间和内横线区棕红色至火红色；肾状纹多不明显，有些个体隐约可见模糊的棕红色至火红色点斑。后翅多棕褐色；翅脉淡褐色可见；外缘线灰白色至黄白色。

分布： 江西、山东、河南、江苏、浙江、湖南、福建、广东、广西、云南、台湾；朝鲜、韩国、日本、泰国、印度、尼泊尔。

注： 根据新分类系统当前隶属目夜蛾科 Erebidae 棘翅夜蛾亚科 Scoliopteryginae。

4.59 沟翅夜蛾 *Hypospila bolinoides* Guenée, 1852（图版 12:6）

形态特征： 翅展 40~42 mm。头部、触角、胸部棕褐色；领片后缘灰白色。分布淡棕褐色，散布暗金色。前翅淡棕褐色；基线黑色短小；内横线黑色，锯齿状；中横线暗棕褐色，边界模糊，呈晕条线，后缘区深黑色点斑；外横线棕黑色细线，锯齿形内斜；亚缘线暗棕褐色内斜粗条线；外缘线暗棕褐色锯齿形；环状纹呈一白色点斑；肾状纹暗棕褐色晕斑，中央为白色点斑；外缘线区暗棕褐色宽带；前缘区色深。后翅底色和图案同前翅，仅中横线类似外横线，且略平行。

分布： 江西、山东、湖南、广东、海南、云南、台湾；韩国、日本、越南、泰国、柬埔寨、斯里兰卡、马来西亚、印度尼西亚、印度、尼泊尔、巴布亚新几内亚、澳大利亚。

注： 根据新分类系统当前隶属目夜蛾科 Erebidae 目夜蛾亚科 Erebinae。

4.60 白线篦夜蛾 *Episparis liturata* (Fabricius, 1787)（图版 12:7）

形态特征： 翅展 40~44 mm。头部淡棕灰色；触角淡棕色栉形。胸部棕灰色。腹部深棕色。前翅棕灰色至暗棕色，散布深褐色和青白色细小颗粒状鳞片；基线白色晕弧线；内横线灰白色，弧形弯曲，前缘白色明显，后半部伴衬深褐色；中横线在前缘白色，其后较模糊，晕状条纹；外横线双线，内侧线前缘区白色，根据个体不同其后深棕色至淡灰白色，外侧线前缘区白色，其后灰白色至淡白色，内侧伴衬暗棕色；亚缘线白色双线，外侧线仅在 R_5 至 M_3 脉间显示内凹弧形，内侧线平直略内斜，双线间灰白色；环状纹黑色小点斑；肾状纹具大圆形至扁圆形的橘红色或橙红色斑，中央具白色似飞雁形至尚帽形斑；外缘 M_3 脉略外突成角。后翅近似前翅；新月纹呈一黑褐色条斑或略分离的 2 块斑；外缘在 M_3 脉外突成角。

分布： 江西、浙江、云南；泰国、老挝、柬埔寨、越南、缅甸、斯里兰卡、菲律宾、印度尼西亚、孟加拉国、印度、尼泊尔。

注： 根据新分类系统当前隶属目夜蛾科 Erebidae 眉夜蛾亚科 Pangraptinae。

4.61 尖裙夜蛾 *Crithote horridipes* Walker, 1864（图版 12:8）

形态特征：翅展 40~44 mm。头部灰黄色至棕黄色；触角黑色。胸部灰褐色至灰色，掺杂淡棕色；领片黑色；肩板色略淡。前翅灰色至灰褐色；基线仅在中央具有一黑色点斑；内横线中室前黑色，后灰黄色，在 2A 脉前外突成角，自中室后缘至后缘间呈一黑色不规则方斑，内侧伴衬灰黄色；中横线灰黄色，仅中室后缘之后可见；外横线黑色，前端可见，其后波浪形，且模糊；亚缘线由灰黄色至黄色条斑组成，伴衬黑色，由前缘外斜至 Cu$_2$ 脉端；外横线橘黄色，内侧黑色；外横线区中室之后呈一方形大黑斑；顶角区烟黑色，由外至内渐深；肾状纹烟黑色，中央灰色小点斑；附环纹灰白色至灰色。后翅底色同前翅，或略淡；新月纹仅呈一小晕状点斑；顶角区有些个体可见烟黑色小条斑。

分布：江西、福建、海南；泰国、越南、菲律宾、马来西亚、印度尼西亚、印度。

注：根据新分类系统当前隶属目夜蛾科 Erebidae 谷夜蛾亚科 Anobinae。

4.62 寒锉夜蛾 *Blasticorhinus ussuriensis* (Bremer, 1861)（图版 13:1）

形态特征：翅展 37~38 mm。色泽变异较大。头部和触角深灰色。胸部灰色；领片暗灰色。腹部灰色。前翅灰色；基线模糊，有些个体中央呈一黑色点斑；内横线灰褐色至烟褐色双线；中横线褐色至烟黑色，略内斜，晕状条纹；外横线灰褐色至烟褐色双线，波浪形弯曲内斜，双线间同底色，或色淡；亚缘线双线，前缘区可见，其后略平行内斜，且双线间灰黄色；外缘线橘黄色纤细，内侧伴衬黑色点斑列；顶角具一内斜条线至 M$_1$ 脉与外横线外侧线相连，且其后橘红色较深；环状纹呈一黑色小点斑；肾状纹可见弯曲条斑，前、后端灰白色至灰色小点。后翅近似前翅，相对色淡。

分布：江西、台湾；韩国、日本、俄罗斯、泰国。

注：本属隶属目夜蛾科 Erebidae，但是其所属亚科有待进一步讨论。

4.63 白斑烦夜蛾 *Aedia leucomelas* (Linnaeus, 1758)（图版 13:2）

形态特征：翅展 28~34 mm。大小差异较大。头部黑色，散布暗金色；触角黑色。胸部黑色，散布暗金色，后胸中央橘红色。腹部烟黑色，背部中央具有黑色毛簇。前翅棕红色至暗金色；基线黑色；内横线黑色双线，波浪形弯曲，内侧较模糊；中横线黑色双线，内侧线明显；外横线黑色双线，内侧线明显弧形内斜，外侧线 M$_3$ 脉后烟黑色，较模糊；亚缘线略同底色，波浪形内斜，R$_5$ 至 M$_1$ 脉和 M$_3$ 至 Cu$_1$ 脉间外突可见；外缘线纤细淡橘红色；翅脉黑色；外缘线和亚缘线区后端底色明显；环状纹呈橘红色环形斑；肾状纹似半圆形，内侧呈橘黄色卵形斑；向基部黑色渐深。后翅较前翅色淡；基半部中央白色块斑明显；中横带黑色可见；前缘烟黑色；饰毛黑白相间明显。

分布：江西、福建、广东、海南、广西、四川、贵州、云南、台湾；韩国、日本、泰国、老挝、柬埔寨、越南、缅甸、菲律宾、印度尼西亚、印度、尼泊尔；西亚、北非、欧洲。

注：根据新分类系统当前隶属夜蛾科 Noctuidae 烦夜蛾亚科 Aediinae。

4.64 三角夜蛾 *Chalciope mygdon* (Cramer, 1777)（图版 13:3）

形态特征：翅展 32~34 mm。头部、触角、胸部深棕色。腹部淡棕灰色。前翅棕灰色，前缘区散布较浓烟黑色至黑色；基线不显；内横线白黄色至灰黄色粗线，由中室前缘外斜至近后缘；中横线不显；外横线较内横线色深和纤细，由 M_1 脉略内向弧线弯曲至近后缘；亚缘线内斜，M_1 脉后由翅脉间棕黑色晕斑组成，其前隐约可见烟黑色雾状条线；顶角具一内斜条斑，由外至内色淡；内横线至基部黑色至棕黑色；外横线至内横线在中室前缘和 M_1 脉之后合为一个三角形大斑；外缘线似同底色，伴衬黑色，M_2 至 2A 脉近端部具有黑色小点斑；有些个体肾状纹略显。后翅较前翅色略深，由内至外渐深至亚缘线；新月纹烟褐色至黑褐色；亚缘线波浪形褐色至淡棕褐色；外缘线同前翅，内侧伴衬暗褐色。

分布：江西、福建、广东、海南、云南、台湾；日本、泰国、老挝、柬埔寨、越南、斯里兰卡、缅甸、新加坡、菲律宾、马来西亚、印度尼西亚、印度。

注：根据新分类系统当前隶属目夜蛾科 Erebidae 目夜蛾亚科 Erebinae。

4.65 碎纹巴夜蛾 *Batracharta cossoides* (Walker, [1863]1864)（图版 13:4）

形态特征：翅展 32~34 mm。个体变异略大。头部棕褐色至红棕色。胸部深棕褐色，后缘棕灰色；领片红色较浓。腹部灰色。前翅棕灰色至淡棕灰色；基线深棕色小短线或不显；内横线烟黑色至棕黑色弧形内斜；中横线淡灰色至灰色，较模糊，内侧伴衬暗棕色；外横线深褐色，非常模糊；亚缘线深褐色，较模糊；肾状纹可见深褐黑色晕状圆斑；基部和顶角区色略深。后翅较前翅色淡；基部和前缘区色淡，向外侧和后侧渐深；翅面可见。

分布：江西、福建；泰国、马来西亚。

注：本属隶属目夜蛾科 Erebidae，但是其所属亚科有待进一步讨论。

4.66 碑夜蛾 *Hyposemansis singha* (Guenée, 1852)（图版 13:5）

形态特征：翅展 36~38 mm。个体变异略大。头部灰色至灰褐色；触角棕灰色至棕色。胸部棕灰色至棕色；领片暗棕色，散布黑色；肩板色略深。腹部棕灰色至棕褐色。前翅灰褐色至棕褐色；基线呈灰色至棕色短弧形小条带，内侧伴衬褐色；内横线褐色至棕褐色，波浪形弯曲，内侧伴衬灰白色至白色，前缘区较明显；中横线暗褐色至棕褐色，略波浪形弯曲，较模糊，边界不明显；外横线暗褐色至棕褐色，在中室端和 2A 脉处外突明显，外侧伴衬白色至灰白色，有些个体前缘区较明显；亚缘线隐约可见灰色至棕灰色细条纹；饰毛棕褐色至深褐色与淡黄色和黄色相间；环状纹多白色点斑，或白色雾状圆斑；肾状纹隐约可见腰果形，多数个体模糊；外横线和中横线区色较淡。后翅同前翅，或略淡；内、中横线深褐色至棕褐色纤细，中部略弯；亚缘线灰色至灰白色，由前缘向后渐明显；饰毛同前翅。

分布：江西、四川、台湾；日本、泰国、缅甸、印度尼西亚、孟加拉国、印度、尼泊尔。

注：根据形态特征目前暂时归于目夜蛾科 Erebidae 眉夜蛾亚科 Pangraptinae。

4.67 大斑薄夜蛾 *Mecodina subcostalis* (Walker, 1865)（图版 13:6）

形态特征：翅展 38~39 mm。个体变异略大。头部灰色至深灰色；触角棕灰色。胸部棕灰色至深棕色；领片灰色；基部灰色，掺杂棕色。腹部灰色至灰褐色。前翅棕灰色至深棕色，有些散布绿色；基线棕褐色至深褐色，短小外斜条斑；内横线棕色，前缘较粗，其余部分纤细，大波浪形弯曲；中横线棕色至褐色，略粗，与内横线略平行；外横线棕色至棕褐色纤细，中部弧形外突较明显；亚缘线在前缘区呈黑色至深棕褐色三角形大斑，其余部分或无，或由翅脉上黑色至深棕褐色小点斑列组成；外缘线黑色；饰毛同底色；环状纹可见一黑色小点斑；肾状纹扁腰果形，外框棕褐色，有些个体非常模糊；前缘区色略深。后翅略同底色；中、外横线棕色至棕褐色纤细条纹，波浪形弯曲；亚缘线深棕褐色，略弧形，较宽条带；外缘线黑色。

分布：江西、河北、河南、浙江、湖北、福建、广西、台湾；韩国、泰国、尼泊尔、印度。

注：根据新分类系统当前隶属目夜蛾科 Erebidae 拟灯夜蛾亚科 Aganainae。

4.68 灰薄夜蛾 *Mecodina cineracea* (Butler, 1879)（图版 13:7）

形态特征：翅展 37~39 mm。个体变异略大。头部至胸部棕褐色至黑褐色，胸部后缘散布棕色。腹部灰褐色至棕褐色。前翅棕褐色至褐色；基线深褐色至黑褐色；内横线深褐色至黑褐色波浪形弯曲，内侧伴衬色较淡；中横线深褐色至黑褐色晕状，较模糊；外横线深褐色至黑褐色，在 M_{2-3} 脉外呈明显大角；亚缘线灰棕色至橘棕色，波浪形内斜细线；外缘线波浪形，黑色，外侧伴衬灰色至灰棕色；环状纹呈一黑色小点斑；肾状纹扁腰果形，内侧线较明显，外侧通常模糊；亚缘线区在 M_{1-2} 脉前可见一深褐色至黑色楔形斑；外缘线区 M_1 至 M_3 脉间可见深褐色至黑色外斜条带，有些个体不显；基部、外横线区色深。后翅近似前翅；中、外横线深褐色至黑色，较模糊；亚缘线灰棕色至橘棕色，在 2A 脉前内凹明显。

分布：江西、海南、贵州、台湾；韩国、日本、越南、印度尼西亚、印度。

注：根据新分类系统当前隶属目夜蛾科 Erebidae 拟灯夜蛾亚科 Aganainae。

4.69 大棱夜蛾 *Arytrura musculus* (Ménétriès, 1859)（图版 13:8）

形态特征：翅展 41~46 mm。头部、胸部和腹部棕色，胸部色略深。前翅棕灰色至灰褐色；基线模糊；内横线灰色至橘灰色，略外斜，在褶脉外突较明显；中横线不显；外横线灰色至橘灰色，略弧形内斜，在褶脉略内凹；亚缘线褐色至灰褐色内斜，内、外侧灰色较淡；外缘 M_3 至 Cu_1 脉间外突成角；环状纹在有些个体上略可见极淡小圆斑；肾状纹可见扁椭圆形内斜斑，有些个体仅内侧线明显；中、外横线区色深；外横线区由内至外色渐深。后翅基半部棕色至棕褐色，外半部灰色较浓；外横线灰色至橘灰色，近似直线；亚缘线同前翅；外横线区同前翅；外缘在 Rs、M_1、M_3、2A 脉处略外突。

分布：江西、黑龙江、福建、贵州，华东地区；朝鲜、韩国、日本、俄罗斯；欧洲中南部。

注：根据新分类系统当前隶属目夜蛾科 Erebidae 目夜蛾亚科 Erebinae。

4.70 点眉夜蛾 *Pangrapta vasava* (Butler, 1881)（图版 14:1）

形态特征：翅展 23~26 mm。头部灰褐色；触角棕褐色。胸部和腹部多黑色至棕褐色，有些个体腹部节间具灰白色。前翅棕褐色至棕色；基线灰白色至白色，纤细短线；内横线灰色至灰白色纤细，弧形弯曲，在 2A 脉外弯折可见；中横线不显，黑色，在中室端外突成角可见；亚缘线灰白色至淡灰色，前缘区明显，其余部分隐约可见；外缘线灰黄色至棕灰色；外缘在 M_1、M_3 和 Cu_1 脉外突明显，且多黑色饰毛；环状纹在有些个体略可见白色点斑；肾状纹隐约可见棕红色小条斑；外横线至基部多黑色，有些个体内横线区色较淡或在近此区前缘部分灰白色可见；前缘外端可见灰白色至白色小点斑。后翅近似前翅；内横线近似前翅，较模糊；外横线黑色，在中室端外突成角明显；新月纹由 5 个大小不一的灰白色至黄白色点组成；外缘 M_1、M_3 和 Cu_1 脉外突明显。

分布：江西、黑龙江、山东、河南、江苏、湖北；朝鲜、韩国、日本、俄罗斯。

注：根据新分类系统当前隶属目夜蛾科 Erebidae 眉夜蛾亚科 Pangraptinae。

4.71 白痣眉夜蛾 *Pangrapta lunulata* Sterz, 1915（图版 14:2）

形态特征：翅展 23~25 mm。个体颜色差异较小。头部棕褐色至棕灰色；触角褐色。胸部棕褐色至棕色，掺杂烟黑色，中、后胸棕色明显。腹部棕灰色至棕褐色。前翅灰白色至棕灰色，散布黑色至烟褐色细小颗粒；基线褐色至黑褐色短小弧形；内横线褐色至黑褐色，大波浪形，中室间内突角明显；中横线不显；外横线褐色至黑褐色双线，前缘区相邻，M_1 脉开始渐分离，M_2 脉外突明显；亚缘线淡棕色双线，双线在翅脉间相交组成小斑块；外缘线黑色双线；外缘在 M_3 脉外突明显；环状纹黑色圆点斑；肾状纹黄白色至灰白色，近内向梯形，中央具 Y 形黑斑；饰毛烟灰色和黑色相间；外缘区色淡；亚缘线区棕红色明显。后翅同前翅；内、外横线黑褐色至褐色，后者中室端外突明显；亚缘线同前翅，双线间较前翅色亮；外缘锯齿状；新月纹由 4 块黄白色至灰白色块斑组成。

分布：江西、河北、陕西、浙江、湖北、四川、台湾；朝鲜、韩国、俄罗斯、日本。

注：根据新分类系统当前隶属目夜蛾科 Erebidae 眉夜蛾亚科 Pangraptinae。

4.72 黄斑眉夜蛾 *Pangrapta flavomacula* Staudinger, 1888（图版 14:3）

形态特征：翅展 28~29 mm。头部棕褐色至深棕色；触角棕色。胸部深棕色至棕褐色，胸后缘灰黄色。腹部灰黄色，散布棕褐色细小颗粒。前翅棕灰色，散布棕色至棕红色细小颗粒；中半部色淡或亮，外半部色较深，前缘区青白色至灰白色较浓；基线深棕褐色短条；内横线棕褐色至棕红色，波浪形弯曲，中室间小内突明显；中横线不显；外横线双线，深棕褐色至棕黑色，内侧线较外侧线略淡，由前缘外斜在 M_{1-2} 弯折成明显外突角后内斜至后缘，双线间充满棕红色；亚缘线棕红色至棕褐色波浪形弯曲，内侧伴衬灰白色至白色纤细线，且后端明显；外缘线黑色；饰毛棕灰色至红灰色；外缘 M_3 脉略外突；环状纹棕褐色至深棕色小圆斑；肾状纹扁腰果形，中央黑褐色，外框棕黄色至灰黄色；翅脉在外横线至外缘线间呈褐色至黑褐色。后翅同前翅；内横线较模糊；外横线大波浪形；亚缘线烟灰色至灰白色，后半部外侧伴衬白色较明显；外缘线同前翅；新月纹呈一褐色细条斑；亚缘线区中部深棕褐色至棕黑色，中部翅脉上呈锯齿状。

分布：江西、黑龙江、江苏、福建；朝鲜、韩国、日本、俄罗斯。

注：根据新分类系统当前隶属目夜蛾科 Erebidae 眉夜蛾亚科 Pangraptinae。

4.73 苹眉夜蛾 *Pangrapta obscurata* (Butler, 1879)（图版 14:4）

形态特征：翅展 23~25 mm。头部灰褐色带赭色；触角线状棕褐色。胸部棕褐色；领片棕黑色。腹部棕黑色。前翅底色棕褐带紫色；基线棕褐色至黑褐色弧形条；内横线棕褐色至黑褐色粗条，略弧形内斜；中横线不显；外横线棕褐色至黑褐色粗大条带，内侧弧形内斜，外侧在中室端部呈渐细的弧形外斜至顶角前缘；亚缘线淡灰色至白色；由前缘波浪形弯曲至后缘，内、外侧散布棕红色；外缘线为黑色细线；饰毛棕黑色；环状纹棕色小点斑；肾状纹不明显；亚缘线区在前缘区，由外横线外侧线延伸组成一紫灰色三角形斑。后翅底色灰褐色至褐黑色；基半部色较淡；新月纹隐约可见；外横线较弱的灰白色；亚缘线棕灰色至棕色双线，后大半部较明显；饰毛黑色；外缘 Cu₁ 脉外突明显；亚缘线区和外缘线区黑色至烟黑色明显。

分布：江西、山东、黑龙江、北京、河北、湖南、台湾；朝鲜、韩国、日本、俄罗斯。

注：根据新分类系统当前隶属目夜蛾科 Erebidae 眉夜蛾亚科 Pangraptinae。

4.74 淡眉夜蛾 *Pangrapta umbrosa* (Leech, 1900)（图版 14:5）

形态特征：翅展 33~34 mm。头部深棕褐色；触角棕色。胸部黑褐色。腹部灰褐色至淡黑褐色。前翅棕褐色至灰褐色；基线黑色小弧形；内横线黑色，波浪形弯曲，内侧伴衬棕红色至棕色；中横线烟黑色至黑褐色，近后缘色淡；外横线近似中横线，但色较深，且与中横线平行；亚缘线 M₁ 脉前灰白色至白色明显，其后色较淡，波浪形弯曲内斜至后缘，外侧伴衬部分黑色条线；外缘线黑色；饰毛棕红色；外缘 Cu₁ 脉外突明显，褶脉端内凹明显；环状纹棕红色点斑，外侧伴衬黑色；肾状纹黑色和棕红色相混的圆晕斑；内横线区色较淡；亚缘线区在 M₁ 脉前近外横线处呈一白色至灰白色三角形斑；外缘线区在前缘区的亚缘线外侧伴衬白色明显。后翅较前翅色淡；内横线黑色隐约可见；中、外横线黑色，较模糊；亚缘线前缘和后缘可见白色，其后波浪形棕灰色；外缘线同前翅；新月纹由 4 块白色小点斑组成；亚缘线区棕红色明显；外横线至基部除前缘区外均密布黑色；外缘线区深灰色至褐灰色；外缘在 Cu$_1$ 和 Cu$_2$ 脉外突明显。

分布：江西、陕西、浙江、湖北、海南、云南；日本、俄罗斯、印度。

注：根据新分类系统当前隶属目夜蛾科 Erebidae 眉夜蛾亚科 Pangraptinae。

4.75 黄背眉夜蛾 *Pangrapta pannosa* (Moore, 1882)（图版 14:6）

形态特征：翅展 33~35 mm。头部灰褐色；触角褐色。胸部红棕色；领片棕褐色；肩板较胸部深。腹部中央灰色，两侧红棕色，节间灰色。基线棕色；内横线红棕色，在中室外突；中横线红褐色弧形弯曲；外横线红褐色，在中室端外突成角；亚缘线红褐色至焦褐色，波浪形弯曲，后半部呈点列；外缘线在 R$_5$ 脉前呈褐色外斜，之后呈深褐色内斜，外侧伴衬灰色；饰毛红棕色至暗棕色；环状纹红棕色圆斑；肾状纹褐红色至棕红色圆斑；基部棕褐色；外横线区中室前缘之后棕红色至焦红色；亚缘线区前缘至 M$_2$ 脉具有内斜楔斑。后翅底色同前翅；基部棕褐色；中横线烟黑色弧形弯曲；外横线黑色双线，内侧线较深，内侧伴衬褐红色，向内渐淡，外侧伴衬黑点斑和棕红色不规则条带；外缘线和饰毛同前翅；新月纹条带形，中央黑色，外框灰棕色。

分布：江西、台湾；泰国、越南、马来西亚、印度尼西亚、巴布亚新几内亚。

注：根据新分类系统当前隶属目夜蛾科 Erebidae 眉夜蛾亚科 Pangraptinae。

4.76 座黄微夜蛾 *Lophomilia flaviplaga* (Warren, 1912)（图版 14:7）

形态特征：翅展 19~22 mm。头部和触角灰黄色至淡黄色。胸部艳黄色至黄色，散布淡灰色。腹部棕黄色。前翅黄色至淡黄色，散布黑色、橘红色和白色条斑；基线黑色外斜线段，外侧伴衬橘红色；内横线前缘区略见淡色条纹，中部较模糊，内侧伴衬黑色，近后缘可见白色条纹，内、外侧伴衬黄色和橘黄色；中横线不显；外横线在 M$_1$ 脉前弧形外斜，内侧伴衬烟黑色，其后较淡内斜至褶脉，再呈白色条斑内斜至后缘，内、外侧伴衬黄色和棕红色；亚缘线白色至灰白色，前缘区亮白色明显，内侧伴衬烟黑色至黑色；外缘线黄色至灰黄色；顶角区亚缘线前端伴衬黄色明显；环状纹不显；肾状纹略见黑色点斑。后翅由内至外色渐深，基半部黄色偏多；外缘线区多深灰色。

分布：江西、吉林、辽宁；朝鲜、韩国、日本、俄罗斯。

注：根据新分类系统当前隶属目夜蛾科 Erebidae 髯须夜蛾亚科 Hypeninae。

4.77 金图夜蛾 *Chrysograpta igneola* (Swinhoe, 1890)（图版 14:8）

形态特征：翅展 30~31 mm。头部褐色，密布棕红色；触角黑褐色。胸部褐色至棕褐色，散布青白色，中央两侧具黑色纵条线；领片黑色；肩板灰色。腹部分布棕褐色至深棕色，密布白色至青白色。前翅烟棕色至棕红色，散布青白色至灰白色；基线为白色不紧凑的短弧形；内横线白色，弧形弯曲，外侧伴衬深棕褐色，中室区外伸明显；中横线模糊，仅在后缘区可见白色曲线；外横线白色，在 M_2 脉前呈外斜直线，其后模糊断裂，Cu_2 脉后内斜至后缘；亚缘线 M_1 脉前棕黑色，波浪形弯曲，其后略显白色，且不紧凑；外缘线双线，内侧线棕色至棕褐色，内侧翅脉端白色，外侧线黑色；外缘 M_3 和 Cu_1 脉处延伸呈小尖突；环状纹暗棕褐色，模糊；肾状纹橘黄色腰果形；顶角区橘黄色至橘红色；亚缘线区棕褐色明显。后翅底色灰褐色，散布白色；前缘灰色；中横线白色细线，不紧凑，波浪形弯曲，2A 脉后外斜至后缘；外横线白色模糊，纤细；亚缘线白色，模糊带状；外缘线黑色；新月纹黑褐色条斑。

分布：江西；泰国、缅甸、马来西亚（加里曼丹岛）、印度尼西亚（苏门答腊岛）。

注：根据新分类系统当前隶属目夜蛾科 Erebidae 眉夜蛾亚科 Pangraptinae。

4.78 菊孔达夜蛾 *Condate purpurea* (Hampson, 1902)（图版 15:1）

形态特征：翅展 33~34 mm。头部棕褐色，散布青灰色；触角褐色。胸部棕红色，中央两侧具有黑色纵条纹；领片深棕红色；肩板棕灰色。腹部深灰色。前翅棕红色至棕色，散布青灰色；基线红色；内、中横线红色不明显；外横线在前缘区白色外斜条斑，R 脉区显一褐色细条，其后为内斜黑色三线，线间暗棕黄色；亚缘线顶角区内斜黑色双线至近外横线三线端，其后淡红棕色；外缘线暗棕色，内侧翅脉间的端部具有黑白相间小点斑；环状纹黑色点斑；肾状纹灰白色条斑；前缘区中部 2 个橙色圆斑明显；近顶角的前缘具有 3 个白色小点斑。后翅基部青灰色，中线外侧红棕色，散布黑褐色小颗粒点斑；中线为黑色三线，由内至外渐细，线间暗棕黄色。

分布：江西、台湾；泰国、越南、尼泊尔、印度。

注：根据新分类系统当前隶属目夜蛾科 Erebidae 菌夜蛾亚科 Boletobiinae。

4.79 暗浑夜蛾 *Scedopla umbrosa* (Wileman, 1916)（图版 15:2）

形态特征：翅展 29~30 mm。头部棕黄色至深棕色；触角棕灰色。胸部棕褐色至烟黑色；领片棕黄色；肩板淡棕褐色。腹部棕黄色。前翅灰黄色至浑黄色，散布棕色；基部棕色；

内横线波浪形深棕色至棕褐色双线，外侧线明显，双线间淡灰黄色至淡浑黄色；中横线不显；外横线深棕色至棕褐色，内、外侧伴衬淡灰黄色至淡浑黄色条带；亚缘线淡棕灰色条带，模糊；外缘和亚缘线区 R_5 脉后深棕色至棕褐色，其余部分同底色，散布灰黄色；基部、内横线区和外横线区中后部暗棕色；环状纹黑褐色小点斑；肾状纹棕褐色扁条形；外横线区在前缘具 3 个黑条斑。后翅底色较前翅略深；新月纹晕状，略显。

分布：江西、台湾；泰国。

注：本属隶属目夜蛾科 Erebidae，但是其所属亚科有待进一步讨论。

4.80 长阳狄夜蛾 *Diomea fasciata* (Leech, 1900) （图版 15:3）

形态特征：翅展 34~35 mm。头部黄棕色；触角褐色。胸部灰黄色；肩板灰白色；领片棕黄色。腹部灰黄色至灰色。前翅棕黄色至橘黄色；基线棕黄色短双线；内横线棕红色至暗棕色双线，外侧线弧形弯曲，内侧线盘绕状弯曲；中横线黑色三线，外侧单线短小，内侧双线，波浪形弯曲；外横线双线，在前缘区可见黑色线段，其后仅显青白色至青灰色；亚缘线青灰色至青白色波浪形内斜条线；外缘线黄色至黄白色纤细波浪形双线，双线在翅脉间相向弯曲；环状纹模糊；肾状纹烟褐色至烟黑色内斜扁条斑；外缘线区橘黄色明显，翅脉间具有倒 Y 形黄白色纵条纹；亚缘线区青黑色，略裂状；中横线至基部灰黄色至黄白色。后翅基半部灰白色至黄白色；内、中横线除前缘区略可见；外横线烟黑色；亚缘线较粗，前半部棕褐色，后半部棕黑色，前端略晕状扩散；外缘线同前翅。

分布：江西、湖北、台湾；泰国。

注：本种标本源自我国湖北长阳，但国内文献资料并未有过记载，因此首次给出其中文名"长阳狄夜蛾"。根据新分类系统当前隶属目夜蛾科 Erebidae 菌夜蛾亚科 Boletobiinae。江西省新记录种。

4.81 缘斑帕尼夜蛾 *Panilla petrina* (Butler, 1879)（图版 15:4）

形态特征：翅展 22~23 mm。头部灰白色；触角基部色深，其外灰色。胸部灰色至棕灰色；领片棕褐色。腹部棕黄色至灰色，多灰色。前翅棕灰色至浑灰色；前缘区有明显的烟黑色条斑；基线黑色短小条斑；内横线淡灰色，在前缘略可见，其外模糊；中横线棕灰色，较模糊，隐约可见波浪形内斜；外横线淡灰色弧形弯曲，较模糊；亚缘线淡灰色，小波浪形弯曲内斜；外缘线黑色，内侧伴衬黑色圆点斑列；环状纹在有些个体略显环形斑；肾状纹隐约可见，有些个体呈半圆形；内横线区烟褐色略可见；外横线区散布棕褐色至灰褐色；

前缘近外端具有棕灰色刻斑。后翅底色同前翅；新月纹棕色扁圆斑；中横线黑色至烟黑色，波浪形弯曲，后半部明显；外横线黑色波浪形弯曲；亚缘线灰黑色至烟黑色波浪形双线，略模糊；外缘线同前翅；外缘线至中横线棕色明显。

分布：江西；朝鲜、韩国、日本。

注：《中国动物志》（夜蛾科）中将本种归入"科夜蛾属 *Corsa* Walker, [1858]1857"，但是由于 *Corsa* 成为 *Diomea* Walker, [1858]1857 的同物异名，发现其与 *Diomea* 属形态特征具有很大差距，与 *Bleptina pertina* Buter, 1855 所属的 *Panilla* Moore, 1885 更为相近，因此移入该属（Kishida, 2011），据此给出本属中文名"帕尼夜蛾属"，并将本种中文名改为"缘斑帕尼夜蛾"。根据新分类系统当前隶属目夜蛾科 Erebidae 菌夜蛾亚科 Boletobiinae。

4.82 红尺夜蛾 *Naganoella timandra* (Alphéraky, 1897)（**图版** 15:5）

形态特征：翅展 27~29 mm。头部艳红色，散布淡棕色；触角棕褐色。胸部艳红色，肩板和后缘散布淡棕色。腹部多棕褐色，第 1 节向后艳红色渐淡。前翅艳红色；基线不显；内横线黄白色弧形弯曲，外侧伴衬棕黄色；中横线不显；外横线黄白色双线，内侧线纤细，前缘区较明显，外侧线粗壮，由前缘波浪形外斜至 R_5 脉，再直线内斜至后缘，双线间和外侧线外侧伴衬棕黄色；亚缘线淡黄白色，且纤细，由前缘外斜至 R_4 脉，再内斜至后缘近臀角；外缘线极淡黄白色；顶角突出尖锐，且具有一内斜黄白色条纹与外横线相连，似一整条内斜条纹；环状纹不明显；肾状纹可见棕黄色弯月；前缘区近顶角棕黄色和黄白色相间分布；外缘顶角至 M_3 脉间略内向弧形弯曲；有些个体翅脉黄白色可见。后翅底色和内、外横线同前翅；亚缘线色同前翅，在 M_2 脉外突角明显。

分布：江西、黑龙江、吉林、河北、河南、浙江、湖南；朝鲜、韩国、日本、俄罗斯。

注：本种根据 Walker(1859)的误鉴定，在《中国动物志》（夜蛾科）中被归入"尺夜蛾属"，称为"红尺夜蛾"；根据本种特征 Sugi(1982)新建"*Naganoella*"属，且仅包含此一种，据此对该属予以更正，并给出该属中文名"红尺夜蛾属"，中文种名不变。根据新分类系统当前隶属目夜蛾科 Erebidae 菌夜蛾亚科 Boletobiinae。

4.83 斜尺夜蛾 *Dierna strigata* (Moore, 1867)（**图版** 15:6）

形态特征：翅展 36~38 mm。头部棕色至棕褐色；触角棕色。胸部棕色至棕褐色，领片深棕褐色至深褐色。腹部多棕灰色。前翅棕色至棕灰色，散布横线细小裂纹；基线黑色，有略明显的 2 个点斑；内、中横线淡棕褐色，前缘区较模糊，由中室前缘内斜可见晕状；

外横线淡棕褐色双线，在 M_2 脉前呈略模糊的外向弧形弯曲，其后与顶角内斜条斑相连；亚缘线为较浓的淡棕褐色晕状内斜，前缘区不显；外缘线较底色略深，内侧翅脉端伴衬黑色小点斑列；顶角尖锐略外突，具有一棕黄色内斜直线至后缘中部，外侧伴衬棕黑色，向外渐淡；环状纹呈晕状小圆斑；肾状纹呈淡棕褐色香蕉状；前缘区色略深，散布黑色颗粒状斑点。后翅同前翅，或略淡，外半部色深，散布细小裂纹；新月纹棕灰色晕状小点斑；外横线和亚缘线呈纤细的淡棕褐色双线，后者可见断裂，较模糊。

分布：江西、湖北、福建、海南、云南、台湾；泰国、老挝、柬埔寨、越南、尼泊尔、印度、孟加拉国。

注：本属隶属目夜蛾科 Erebidae，但是其所属亚科有待进一步讨论。

4.84 赭灰裴夜蛾 *Laspeyria ruficeps* (Walker, 1864)（图版 15:7）

形态特征：翅展 29~33 mm。头部和触角棕色。胸部灰白色；领片棕色。腹部多棕色，第 1 节向后灰白色逐渐变淡。前翅棕色，由基部向外灰白色渐淡；基线隐约可见黑色；内横线灰色至灰白色，波浪形弯曲，在中室后缘和 2A 脉内凹可见；中横线模糊至不显；外横线灰白色，内侧伴衬暗棕色，在 R_5 脉外突弧形明显；亚缘线由翅脉间黑白相间的小点斑列组成；外缘线纤细灰白色，内侧翅脉间伴衬黑白相间的小点斑列；顶角弧形弯钩状；环状纹晕状点斑；肾状纹烟黑色至深褐色椭圆形斑；外缘在 M_3 脉外突明显，其前至顶角弧形内凹明显。后翅近似前翅。

分布：江西、四川、台湾；韩国、日本、泰国、缅甸、印度尼西亚、菲律宾、越南、斯里兰卡、马来西亚、印度。

注：《中国动物志》（夜蛾科）中将本种归入"裴夜蛾属 *Laspeyria* Germar, 1810"的同物异名"*Perynea* Hampson, 1910"中，在此予以更正。根据新分类系统当前隶属目夜蛾科 Erebidae 菌夜蛾亚科 Boletobiinae。江西省新记录种。

4.85 华穗夜蛾 *Pilipectus chinensis* Draeseke, 1931（图版 15:8）

形态特征：翅展 33~34 mm。头部橙色至橘黄色；触角深灰色。胸部棕灰色；领片棕褐色，边缘多橙色。腹部棕灰色至深灰色，散布橙色至橘黄色。前翅橙色至橘黄色；基线不显；内横线中室后缘之前不显，其后波浪形白色强内斜至后缘；中横线中室后缘之前不显，其后波浪形白色缓内斜至后缘；外横线白色略裂纹状双线，前半部靠近，后半部相离；亚缘线呈白色纤细的略裂纹状双线，与外横线略平行；外缘线淡棕黄色，内侧伴衬不规则的黑色至灰褐色条斑，在顶角和近臀角区略宽；肾状纹灰褐色大椭圆斑，内侧沿前缘渐宽并内向延伸至基部，近基部前缘区橙色明显；中横线区在中室后缘之后多黑色，散布棕黄色至橘黄色。后翅灰褐色至棕灰色，由内至外渐深；新月纹晕状褐色点斑。

分布： 江西、四川；泰国。

注： 根据新分类系统当前隶属目夜蛾科 Erebidae 目夜蛾亚科 Erebinae。江西省新记录种。

5 金翅夜蛾亚科 Plusiinae

注： 传统分类系统中的本亚科在当前新系统中隶属夜蛾科 Noctuidae。

5.1 直隐金翅夜蛾 *Abrostola abrostolina* (Butler, 1879)（图版 16:1）

形态特征： 翅展 23~24 mm。头部和触角深棕色至橙色。胸部橙色，掺杂黑褐色。腹部灰色。前翅灰褐色，散布棕色至橙色；基线不显；内横线波浪形双线，内侧线棕色至橙色，外侧线中室前缘之前褐色，之后黑色；中横线不显；外横线前缘区外向弧形弯曲的双线，双线间橙色明显，内侧线 M_2 脉前淡棕褐色，之后黑色，外侧线由前至后渐深；亚缘线灰色至灰白色，前细后粗地略内斜；外缘线黑褐色；环状纹圆形斑，具有断裂的黑色外框；肾状纹黑色环纹，内侧环烟褐色，外侧环黑色；Y 状纹扁圆形，具有黑色外框，内部色淡；内横线区橙色；外缘区灰白色明显；亚缘线区 R_4 和 R_5 脉具有黑色条斑；内横线至外横线间烟褐色明显；饰毛灰色和褐色内外相间。后翅褐色，散布淡橙色，基部灰白色明显；翅脉深褐色可见。

分布： 江西、台湾；朝鲜、韩国、日本。

注： 江西省新记录种。

5.2 白条夜蛾 *Ctenoplusia albostriata* (Bremer & Grey, 1853)（图版 16:2）

形态特征： 翅展 31~34 mm。雌雄异形，雌虫体色黑褐色，雄虫体色黄褐色。头部黑褐色，额上及头顶鳞毛灰褐色，末端黑色；触角黄褐色。胸部灰褐色，领片黄褐色，中部有一条黑色条纹，肩板及背毛簇灰褐色。腹部黄褐色，腹部第 1、2、3 节背毛簇黑褐色。前翅底色深灰褐色；基线黑色；内横线银白色带粉红色；外横线淡褐色带粉色，波状双线，在 2A 脉褶处内凹较明显；亚缘线褐色锯齿状；缘线黄白色；饰毛灰黑色；环状纹灰褐色，边缘线银白色；肾状纹灰褐色，边缘线黑色；Y状纹为白色斜条纹，止于2A脉褶处；臀角齿呈三角形。后翅黑褐色；缘线黄白色；饰毛灰黑色。

分布：江西、黑龙江、吉林、辽宁、北京、河北、山东、陕西、湖北、广东、台湾；朝鲜、韩国、日本、俄罗斯、澳大利亚、新西兰；东南亚地区。

5.3 异银纹夜蛾 *Ctenoplusia mutans* (Walker, 1865)（图版16:3）

形态特征：翅展27~30 mm。头部棕褐色至棕色；触角棕色。胸部棕红色至橙色，掺杂黑色；领片色深。腹部灰色，第1~4节具有棕红色至橙色毛簇，且渐淡。前翅灰色，散布棕色；基线棕红色，掺杂黑色；内横线波浪形内斜双线，内侧线棕红色至橙色，较淡，在后缘黑色明显，外侧线深棕褐色，掺杂黑色，在后缘黑色明显；中横线不显；外横线棕红色至橙色双线，小波浪形内斜，外侧线外侧伴衬灰色条带；亚缘线灰色；外缘线灰白色，内侧翅脉间伴衬棕褐色小倒三角形斑列；饰毛在 M_3 脉端可见明显烟黑色；环状纹小扁圆斑，内部深棕色；肾状纹腰果形，具有棕红色至橙色外框；Y状纹呈一粗弯角形，具有棕色至棕褐色外框；亚缘线区棕红色至橙色明显，M_2 脉具有黑色条斑；中横线区前部与外横线区中部相连，似外斜条斑。后翅基半部灰色，外半部灰褐色；新月纹可见灰褐色弧形条带；外横线隐约可见灰褐色。

分布：江西、贵州、台湾；泰国、老挝、越南、印度、印度尼西亚。

注：江西省新记录种。

5.4 银纹夜蛾 *Ctenoplusia agnata* (Staudinger, 1892)（图版16:4）

形态特征：翅展32~35 mm。头部黄褐色；触角黑褐色。胸部黄褐色，领片黄褐色，肩板及胸部背毛簇黄褐色。腹部黄褐色，第1、3节背毛簇深黄褐色；雄蛾腹部第7节两侧具长毛簇；腹末毛簇暗色，发达。前翅底色黄褐色，翅面分布黑色或褐色小点；基线银色，内侧有2个黑点，外侧端半部有1条黑褐色斑纹；内横线银白色，内侧缘线褐色，较直；外横线为银白色双线，线两侧褐色，在 Cu_2 脉处明显内凹，呈三角形，余下部分微曲状；亚缘线强度波状，褐色；外缘线褐色；饰毛褐色；翅中部 Cu_2 脉下方及外横线、缘线间具强烈的金属光泽；环状纹斜长形明显，呈淡褐色，边缘线银白色；肾状纹褐色明显，边缘线银白色，中部略缢缩；Y状纹由1个U字形银纹和1个卵圆形银斑组成。后翅暗褐色；新月纹隐约可见；缘线黄色；饰毛灰白色。

分布：全国各地；朝鲜、韩国、日本、俄罗斯、越南、菲律宾、印度尼西亚、印度、尼泊尔。

5.5 小银纹夜蛾 *Ctenoplusia microptera* Ronkay, 1989（图版 16:5）

形态特征：翅展 30~32 mm。头部灰褐色，散布棕色；触角棕灰色。胸部棕褐色，散布黑色；领片棕色，边缘灰色；肩板棕红色。腹部棕灰色，前 3 节着生棕褐色毛簇，末端棕灰色和棕红色长鳞毛。前翅棕褐色，散布烟黑色；基线灰色短弧形；内横线中室后缘前灰色，其后双线，外侧线淡黄灰色，内侧线棕红色，内侧伴衬灰色；中横线模糊；外横线双线，内侧线灰色，外侧线棕红色，在褶脉区锐角内凹明显；亚缘线灰色，在前缘和近臀角区可见；外缘线灰色，在 Cu_2 脉前内侧伴衬深棕褐色；饰毛灰色，M_3 脉端为黑褐色；环状纹呈一黑色小点斑；肾状纹棕褐色，外框黑色，较模糊；Y 状纹分裂，内侧斑拇指形，外框银色，外侧斑眼形，实体银色；外缘区和亚缘线区前半部烟黑色；内侧影斑棕红色，散布烟黑色。后翅灰褐色，散布棕色；新月纹隐约可见；中室前后缘和 M、Cu 脉黑褐色；亚缘线灰色，纤细，隐约可见。

分布：江西；越南。

5.6 珠纹夜蛾 *Erythroplusia rutilifrons* (Walker, 1858)（图版 16:6）

形态特征：翅展 23~24 mm。头部黄灰色；触角灰色。胸部棕灰色至橙灰色，中央色深；领片色深；肩板色淡。腹部棕灰色至橙灰色，各节具有小毛簇。前翅棕灰色至橙灰色，散布橙黄色和橙红色；基线灰白色；内横线呈略弯曲内斜双线，内侧线淡灰白色，模糊，外侧线灰白色；中横线多不显，有些个体隐约可见深棕红色细双线；外横线为略弯曲内斜双线，内侧线呈明显灰白色，外侧线呈较模糊淡灰白色；亚缘线前缘至 Cu_1 脉呈棕黑色锯齿状，其后略淡至 Cu_2 脉，再至臀角灰白色直线；外缘线棕褐色，内侧伴衬灰白色；饰毛在翅脉端棕褐色明显；前缘区色较淡，多淡灰白色；内横线区色淡；环状纹小圆形隐约可见；肾状纹扁圆形，较模糊，仅前后端黑色点斑明显；Y 状纹由 2 个银白色至白色点斑组成。后翅由内至外渐深，基半部黄灰色至灰色，外半部灰褐色至褐色。

分布：江西、吉林、山东、台湾；朝鲜、韩国、日本、俄罗斯、印度、尼泊尔。

5.7 台富丽纹夜蛾 *Chrysodeixis taiwani* Dufy, 1974（图版 16:7）

形态特征：翅展 33~35 mm。头部棕灰色至棕色；触角棕黑色。胸部灰黑色，掺杂棕灰色，中央两侧呈黑色条线，后胸两侧具棕灰色长毛簇；领片橘红色至棕红色。腹部灰黑色，掺杂棕灰色。前翅多棕红色至棕褐色，散布黑色；基线灰黄色短双线，双线间黑色，外侧线较淡；内横线灰黄色小波浪形内斜，双线间黑色，内侧线较淡；中横线不显；外横线双线，双线间前半部 M_3 脉前棕红色至棕褐色，其后黑色，褶脉角状内凹明显，内侧线灰白色较细，外侧线灰白色，M_3 脉前渐细后模糊；亚缘线灰黄色，前缘区可见，其后模糊；外缘线黑色；饰毛灰白色至灰黄色，与翅脉端黑色至烟黑色相间；环状纹外斜小椭圆环形，内环黑色明显；肾状纹近月牙形，色略深，较模糊；Y 状纹由 2 个银白色至白色斑组成，外侧略大圆形斑，内侧棒棒糖形，圆斑中央黑色，有些个体为实心；外横线至内横线间 Cu_2 脉后棕红色明显，其前黑色较明显；基部和内横线区黑色。后翅基半部棕灰色，外半部深褐色至黑褐色；外缘线灰黄色；新月纹棕褐色弧形条斑。

分布：江西、台湾；日本、泰国、越南、尼泊尔。

5.8 球肢金翅夜蛾 *Extremoplusia megaloba* (Hampson, 1912)（图版 16:8）

形态特征：翅展 28~29 mm。头部和触角棕黄色至橙色。胸部棕褐色至褐色，散布灰白色；领片色略淡。腹部灰白色，第 1~2 节具有棕黑色至棕褐色毛簇。前翅棕色至棕褐色；基线灰白色短小；内横线灰白色内斜至 2A 脉；中横线不显；外横线灰白色双线，多在 M_2 脉前明显，褶脉处内凹明显，且可见小点斑；亚缘线灰白色，仅在前缘区和后缘区可见；环状纹可见小圆斑，具有橙色外框，多模糊；肾状纹近椭圆形，内侧框可见橙色；Y 状纹由外大内小 2 个银白色斑组成，相连或断开。雄性后翅多基半部处前缘区外灰白色至白色，前缘区和外半部烟黑色；雌性多烟黑色，近基部色淡；翅脉可见。

分布：江西、台湾；泰国、越南、马来西亚、印度尼西亚、印度。
注：江西省新记录种。

6 尾夜蛾亚科 Euteliinae

注：传统分类系统中的本亚科在当前新系统中隶属尾夜蛾科 Euteliidae。

6.1 黑砧夜蛾 *Atacira melanephra* (Hampson, 1912)（图版 17:1）

形态特征：翅展 28~29 mm。头部乳白色至白色；触角褐色。胸部灰色，散布黑色小点斑，后胸后缘烟黑色；领片棕褐色。腹部灰色，散布棕色，第 1 节中央黑色块斑，2~4 节中央具一黑色点斑。前翅青灰色，散布棕色和黑色小颗粒斑；基线模糊；内横线在前缘区呈一黑斑，后缘区可见棕色条斑；中横线黑色，前缘呈一黑块斑，其后缓弯曲内斜至后缘；外横线淡棕色双线，中央淡灰色；大波浪形弯曲；亚缘线在 Cu_1 脉前白色弯曲细线，其后呈淡棕灰色；外缘线由翅脉间黑色月牙形点斑组成；饰毛烟黑色和灰色交替；环状纹不显；肾状纹黑色眼斑，外框白色；外横线和亚缘线区棕色明显，后者在亚缘线前半部内侧具有由前至后渐小的 3 个黑色斑块。后翅青灰色，散布烟黑色，基半部灰白色至淡灰色，外半部烟黑色明显；内横线烟黑色；亚缘线前大半部纤细灰色，其余部分灰白色，较宽且明显，内侧黑色加深；外缘线灰色，内侧伴衬黑色。

分布：江西；日本、泰国、斯里兰卡、印度。

6.2 漆尾夜蛾 *Eutelia geyeri* (Felder et Rogenhofer, 1874)（图版 17:2）

形态特征：翅展 36~39 mm。头部棕灰色至棕色；触角灰黑色。胸部黑色至棕黑色，散布白色，掺杂棕褐色。腹部黑色，掺杂白色和棕灰色，节间白色可见；第 4 节具有白色小块斑；尾部两侧具有黑色毛簇。前翅灰黄色，密布烟黑色和烟棕褐色；基线白色，锯齿状；内横线白色双线，边界不明显，波浪形内斜；中横线白色，中室后缘之后可见，其前不显；外横线由 2 条粗线组成，内侧黑色、外侧纤细白色；外侧条线前半部灰白色，后半部棕黑色；亚缘线白色，中部略有断裂；外缘线白色，内侧翅脉间伴衬黑色点斑列；外缘锯齿状；饰毛 M_3 至 Cu_1 脉间黑色较浓，散布白色；环状纹呈小白点斑；肾状纹内斜扁矩形，内侧具有一黑色小点斑，后半部灰黄色明显；翅脉多呈白色；内横线区多黑色；外横线内侧伴衬黑色条带；亚缘线区 Cu_1 脉前褐色和黑色相间，其后多灰色；外缘线区灰黄色，顶角区较宽大。后翅灰黄色散布烟黑色，翅脉黑色；外半部烟黑色至黑色；外横线呈烟黑色细纹双线，后缘深黑色；亚缘线 Cu_1 脉后灰黄色明显；外缘线黑色，内侧伴衬灰黄色细条；新月纹烟黑色矩形斑。

分布：江西、江苏、浙江、湖南、福建、四川、云南、西藏、台湾；朝鲜、韩国、日本、俄罗斯、泰国、越南、缅甸、印度、尼泊尔。

6.3 波尾夜蛾 *Phalga sinuosa* Moore, 1881（图版 17:3）

形态特征：翅展 37~39 mm。头部黑色和棕黄色相间；触角棕色。胸部棕红色至橘红色，散布灰色；领片深橘红色或黑色。腹部棕红色至橘红色。前翅棕红色至橘红色；基线淡赭灰色，略显；内横线深棕红色至橘红色，锯齿形，双线间赭灰色；中横线仅前缘可见；外横线棕红色至橘红色锯齿状双线，外侧线明显；亚缘线棕红色至橘红色锯齿状双线，内侧线较明显，且与外横线的外侧线相邻，二者间赭灰色，外侧线中、后部色略深；外缘线棕褐色；外缘在 Cu_1 脉端外突明显；环状纹呈一小点斑；肾状纹灰色至棕灰色山形，具有白色外框，前部延伸至前缘；外缘线和亚缘线区域色略淡，其外色略深。后翅灰褐色；各横线模糊；臀角区黑色和灰白色相间。

分布： 江西、福建、广东、海南、西藏；泰国、越南、印度尼西亚、菲律宾、印度。

6.4 折纹殿尾夜蛾 *Anuga multiplicans* (Walker, 1858)（图版 17:4）

形态特征： 翅展 39~41 mm。头部深灰色至棕灰色；触角深褐色。胸部深灰色，散布棕色；领片后缘黑色。腹部灰色，第 1~3 节具棕灰色毛簇，尾部具有黑色毛簇。前翅狭长，亮灰色至灰色；基线灰褐色，略显；内横线灰褐色至黑色波浪形双线，内侧线较模糊，外侧线后半部黑色明显，褶脉外突角明显；中横线灰褐色，晕状波浪形弯曲；外横线灰褐色至黑色波浪形双线，内侧线较明显；亚缘线双线，双线间色略淡，内侧线烟黑色至灰褐色，外侧线灰色纤细，模糊；外缘线灰褐色；饰毛灰色与灰黄色相间；环状纹呈一黑色小点斑；肾状纹近似半圆，外框黑色，内部棕红色；臀角区色深。后翅基部前半部和外缘区亮灰白色，基部后半部、外缘区、后缘区青灰色至深灰色；外横线双线，前半部很淡，后半部黑色，内侧线明显，双线间灰白色至灰黄色；亚缘线后半部灰黄色明显；外缘线黑色。

分布： 江西、浙江、湖南、福建、广东、海南、四川、贵州、云南、台湾；朝鲜、韩国、菲律宾、缅甸、泰国、马来西亚、新加坡、斯里兰卡、印度。

6.5 衡山玛尾夜蛾 *Marathyssa cuneades* Draudt, 1950（图版 17:5）

形态特征： 翅展 28~33 mm。头部和触角棕褐色至棕色。胸部棕褐色至棕色，掺杂灰黑色；领片深棕色至深棕褐色。腹部灰褐色至烟黑色。前翅灰褐色至棕褐色，散布黑色；基线灰白色弧形弯曲；内横线灰白色双线，褶脉外突明显；中横线黑色双线，仅前、后缘可见；外横线灰白色至白色双线，内侧线在褶脉内凹明显；亚缘线纤细，呈灰白色至白色，在中部波浪形弯曲，后部与外横线的外侧线邻近；外缘线黑色；外缘线区前端部灰色至浑灰色，其后烟黑色至灰黑色，散布青白色；亚缘线区前端部灰色至浑灰色；环状纹可见一黑色小圆斑；肾状纹晕状圆斑。后翅翅脉黑色，基半部灰白色至白色，外半部黑色至烟黑色；外横线灰白色纤细，内侧在后缘具黑色斑；亚缘线灰白色，前半部纤细、后半部较粗；新月纹呈一小晕斑。

分布： 江西、湖南；泰国。

7 蕊翅夜蛾亚科 Stictopterinae

注：传统分类系统中的本亚科在当前新系统中隶属尾夜蛾科 Euteliidae。

7.1 铅脊蕊夜蛾 *Lophoptera apirtha* (Swinhoe, 1900)（图版 17:6）

形态特征：翅展 25~28 mm。头部和触角棕褐色。胸、腹部棕褐色至深棕色，领片和胸部中央多黑色。前翅棕褐色至褐色；基线不显；基纵线黑色条斑；内横线褐色至黑褐色双线，Cu$_2$ 脉内凹明显，内侧线较淡；中横线仅在前缘可见褐色晕斑；外横线褐色至黑褐色双线，在 M$_{2-3}$ 内明显，内侧线模糊，外侧线明显；亚缘线灰白色，有些个体仅在前缘区可见，其后褐色；前缘区基半部色深；环状纹灰白色至棕灰色，小腰果形，内侧向基部具有一褐色至黑褐色内斜斑；肾状纹灰白色至棕灰色，具有黑色外框；有些个体外缘线区翅脉间黑色至黑褐色条斑可见。后翅浑灰色至灰褐色，翅脉黑色可见；外缘区色深；各横线不显。

分布：江西、西藏；泰国、缅甸、越南、斯里兰卡、印度尼西亚、印度、尼泊尔。

8 皮夜蛾亚科 Sarrothripinae

注：传统分类系统中的本亚科在当前新系统中隶属瘤蛾科 Nolidae。

8.1 暗影饰皮夜蛾 *Characoma ruficirra* (Hampson, 1905)（图版 17:7）

形态特征：翅展 20~21 mm。头部和触角棕褐色。胸部棕灰色至深灰色，后缘棕色明显；领片和肩板色略淡。腹部灰色。前翅淡灰褐色，散布黑色；基线黑色；内横线黑色弧形双线；中横线黑褐色细线，内侧伴衬灰白色条带；外横线为波浪形弯曲的黑褐色至深灰色双线，双线间灰白色；亚缘线灰白色波浪形；环状纹淡褐色小圆斑，模糊或不显；肾状纹扁圆形；亚缘线区色较淡。后翅灰色至棕灰色，由内至外色渐深，翅脉略显；各横线不显。

分布：江西、山东；朝鲜、韩国、日本、印度尼西亚、印度。

注：根据新分类系统当前隶属瘤蛾科 Nolidae 丽夜蛾亚科 Chloephorinae。

8.2 环曲缘皮夜蛾 *Negritothripa orbifera* (Hampson, 1894)（图版 17:8）

形态特征：翅展 22~23 mm。头部乳白色，密布灰色；触角灰色。胸部乳白色；领片色略深。腹部乳白色。前翅乳白色，散布棕色；基线黄白色；内横线灰褐色至褐色，前缘至 2A 脉间明显；中横线黑色，仅前缘可见；外横线黑褐色波浪形双线，双线间灰白色至乳白色；亚缘线灰白色，前缘区明显，其后模糊不显，近臀角外侧伴衬黄白色块斑；外缘线黑色至褐色；环状纹黑色小圆斑；肾状纹近大环形，中央亮白色，环间黄白色偏多；内横线区和后缘区外横线以内多黄白色；外缘线和亚缘线区、中横线区 2A 脉前呈褐色至黑褐色。后翅灰白色至烟灰色，顶角区色深。

分布：江西、福建、海南；泰国、缅甸、印度、尼泊尔。

注：根据 Faede(1937) 和 Mell(1943) 的记载，《中国动物志》（夜蛾科）中将本种归入"美皮夜蛾属 *Lamprothripa* Hampson, 1912"；Holloway(2003) 对"*Negritothripa* Inoue, 1970"进行了修订，并将本种归入该属中，据此变更中文名为"环曲缘皮夜蛾"。根据新分类系统当前隶属瘤蛾科 Nolidae 旋夜蛾亚科 Eligminae。

8.3 洼皮夜蛾 *Nolathripa lactaria* (Graeser, 1892)（图版 18:1）

形态特征：翅展 22~23 mm。头部白色；触角基部白色，其外黑色。胸部白色，有些中央黑色。腹部白色。前翅白色；基线不显；内横线黑色，由前缘外斜至中室后缘可见；中横线黑色短弧条，中室后缘前可见；外横线黑褐色波浪形双线，双线间灰白色和烟褐色相间；亚缘线灰白色，波浪形弯曲；外缘线褐色；外缘线区烟褐色，翅脉间具有褐色纵条线；亚缘线区烟黑色，中部黑色明显；外横线区前半部灰白色；内横线区与外横线区后半部相连呈白色大斑；中横线和内横线在中室后缘前呈三角形斑块；肾状纹模糊。后翅白色，顶角区烟褐色至烟灰色。

分布：江西、黑龙江、河北、陕西、湖南、海南、四川；朝鲜、韩国、日本、俄罗斯。

注：根据新分类系统当前隶属瘤蛾科 Nolidae 丽夜蛾亚科 Chloephorinae。

8.4 缘斑赖皮夜蛾 *Iscadia uniformis* (Inoue & Sugi, 1958)（图版 18:2）

形态特征：翅展 45~54 mm。大小差异较大。头部灰色；触角棕色。胸部灰色至深灰色。腹部灰色。前翅灰褐色至青灰色，散布棕色；基线黑色双线，仅在前缘呈二点斑；内横线双线，内侧线纤细、模糊，外侧线黑色，在 Cu_2 脉外突锐角明显；中横线双线，多在前、后缘可见褐色和黑色；外横线为波浪形弯曲的黑褐色双线；亚缘线纤细褐色波浪形；环状纹圆形斑；肾状纹黑色圆形，在外侧具有一短小角突；内横线区外部烟褐色至烟黑色。后翅灰色至灰褐色；外缘 M_2 脉端凹陷明显。

分布：江西、江苏、浙江、湖北、湖南、福建、广东、海南、广西、贵州、台湾；韩国、缅甸、越南、印度尼西亚、新加坡、印度。

注：根据新分类系统当前隶属瘤蛾科 Nolidae 旋夜蛾亚科 Eligminae。

8.5 柿癣皮夜蛾 *Blenina senex* (Butler, 1878)（图版 18:3）

形态特征：翅展 40~48 mm。个体变异很大。头部灰褐色；触角黑褐色。胸部灰褐色至深褐色；领片色深。腹部棕灰色，第 1~2 节具有深褐色毛簇。前翅灰褐色至深烟褐色，散布棕色；基线深烟褐色，模糊；内横线黑色，前缘弧形外斜，其后略平直；中横线多黑色，由前缘波浪形外向大弧形弯曲至后缘，与外横线相邻，与内横线远离；外横线波浪形外向弧形内斜双线，内侧线明显，外侧线模糊；亚缘线灰白色至白色，略内斜，在 Cu_2 脉弯折明显，有些个体内侧伴衬明显的黑色线条；褶脉处多显一纵条斑；环状纹外斜扁条斑，外框黑色；肾状纹扁椭圆形条斑，外框黑色；有些个体内横线和中横线区灰白色明显；外缘线区色淡。后翅黑色至灰色；外横线棕黄色至灰色波浪形弯曲；外缘线区色深。

分布：江西、江苏、浙江、湖南、福建、海南、广西、四川、云南、台湾；朝鲜、韩国、俄罗斯、日本、越南、泰国。

注：根据新分类系统当前隶属瘤蛾科 Nolidae 丽夜蛾亚科 Chloephorinae。

8.6 枫杨癣皮夜蛾 *Blenina quinaria* Moore, 1882（图版 18:4）

形态特征：翅展 31~41 mm。个体变异很大。头部棕褐色至灰褐色；触角棕褐色。胸部棕褐色至灰褐色，散布灰白色；领片色略深；基部肩板色略浅。腹部灰黄色至棕黄色，中央具毛簇，由前至后渐小。前翅灰白色，散布棕色；基线模糊；内横线内斜双线，内侧线黑色明显，外侧线棕褐色至褐色且模糊；中横线波浪形弯曲外斜双线，双线间色淡，内侧线棕灰色较淡，外侧线前缘区黑色，其后棕褐色至棕色；外横线波浪形棕褐色至棕色双线，内侧线较模糊，外侧线在前缘可见黑色；亚缘线黑色小波浪形弯曲，在 Cu_2 脉弯折明显；环状纹很模糊；肾状纹隐约可见圆斑；各横线区颜色变化很大，通常中横线区色多淡。后翅棕黄色至橙色；中横线略显烟黑色；外缘区黑色至棕黑色明显。

分布：江西、陕西、安徽、浙江、湖南、海南、四川、云南、西藏、台湾；日本、越南、老挝、泰国、菲律宾、马来西亚、文莱、印度尼西亚、东帝汶、巴布亚新几内亚、印度、尼泊尔。

注：根据新分类系统当前隶属瘤蛾科 Nolidae 丽夜蛾亚科 Chloephorinae。

8.7 显长角皮夜蛾 *Risoba prominens* Moore, 1881（图版 18:5）

形态特征：翅展 33~36 mm。个体变异很大。头部棕色至棕红色；触角多棕色。胸部白色至乳白色，散布灰色至棕灰色；领片青灰色。腹部青黑色至棕褐色，第 1~2 节白色至乳白色。前翅灰褐色至灰白色，有些个体基半部灰黑色至烟黑色；内横线黑色细线，由前缘波浪形外向弧形弯曲至 2A 脉；中横线黑褐色至烟黑色，边界呈模糊的晕状外斜；外横线前缘区黑色可见，有些个体其后不显，有些个体在 Cu₁ 脉之后黑褐色至褐色，中部断裂，内斜；亚缘线烟黑色至褐色内斜双线，外侧线前半部棕色较明显，且较模糊，外侧伴衬黑色，在 R₅ 至 M₃ 脉间呈三角形斑，后半部黑色，外侧伴衬白色，且在 M₃ 脉外折明显后呈锯齿状内斜，内侧线翅脉上可见黑色点斑列，点斑间棕色细线相连；外缘线灰黄色至灰白色，内侧伴衬黑白相间的条斑列；亚缘线区前大半部多灰白色；外缘线区顶角区域黑色至棕黑色块斑，边框伴衬白色至灰白色，散布棕黄色斑；臀角区有些个体棕黄色块斑明显；前缘基部至后缘 1/3 处呈白色至乳白色；肾状纹圆形斑，外框黑色，有些个体较模糊。后翅灰白色至白色，翅脉可见；新月纹烟灰色至深灰色；外缘区烟黑色至黑色。

分布：江西、河北、湖北、湖南、浙江、福建、广西、海南、四川、云南、台湾；朝鲜、韩国、缅甸、泰国、老挝、越南、菲律宾、马来西亚、新加坡、印度、尼泊尔。

注：根据新分类系统当前隶属瘤蛾科 Nolidae 长角皮夜蛾亚科 Risobinae。

8.8 维长角皮夜蛾 *Risoba wittstadti* Kobes, 2006（图版 18:6）

形态特征：翅展 30 mm 左右。头部淡灰褐色；触角棕色。胸部中央白色；领片灰色，散布棕色；肩板棕灰色。腹部前 3 节白色；4~7 节黑色，有些个体烟棕色，其后棕褐色。前翅底色烟黑色至青黑色，散布棕红色；基线白色，弧形外斜至后缘，外侧伴衬橘红色；内横线橘红色，仅在前缘略见；中横线模糊；外横线黑色，前缘呈大波浪形内斜至后缘，内侧伴衬白色宽条带，外侧伴衬微弱白色细条带；亚缘线棕灰色至灰白色，M₁ 脉前大弯折，其后模糊，且内斜至臀角内侧；外缘线棕灰色，内侧伴有翅脉间弧形灰白色曲线；环状纹模糊；肾状纹斜椭圆形，橘红色，具有黑色外框，中央黑色小点斑；外缘区 R₃₋₄、R₄₋₅ 处具有黑色条斑；前缘基部淡棕黑色，密布棕红色。后翅白色至乳白色，翅脉可见；新月纹呈黑色点斑；外缘区烟黑色明显。

分布：江西；泰国、马来西亚、新加坡、印度尼西亚、菲律宾、印度。

注：根据新分类系统当前隶属瘤蛾科 Nolidae 长角皮夜蛾亚科 Risobinae。

8.9 旋夜蛾 *Eligma narcissus* (Cramer, 1775)（图版 18:7）

形态特征：翅展 66~72 mm。头部浅棕色至浅灰褐色，略带紫色，额区黄色，其上具小黑点；触角黑色。胸部棕色，其上具 3 对黑点；领片上具 2 对黑点；翅基片基部及端部具黑点。腹部亮黄色，每个腹节上具一黑色斑块。前翅底色棕色，一白色纹由基部近前缘处略弧形延伸至顶角，由粗渐细，并于亚缘线区形成复杂网状淡色纹；基线不明显，仅可见 4~5 个黑点；内横线不明显，由 5 个互相分离的黑点组成；中横线不明显，仅在前缘具一黑点；外横线黑色明显，由前缘波浪形弯曲至后缘；亚缘线由一列黑色长点组成，由前缘与外缘近平行弯曲至后缘；外缘线由翅脉间的小黑点组成；饰毛棕色；环状纹及肾状纹不显。后翅底色杏黄色，顶角及周围蓝黑色，约占整个翅面的 2/5，与翅面底色分界明显；新月纹不显；外缘区为一列粉蓝色条状斑；饰毛灰白色。

分布：江西、河北、山西、山东、湖北、湖南、浙江、福建、四川、云南、台湾；朝鲜、韩国、日本、俄罗斯、菲律宾、马来西亚、印度尼西亚、印度。

注：根据新分类系统当前隶属瘤蛾科 Nolidae 旋夜蛾亚科 Eligminae。

9 丽夜蛾亚科 Chloephorinae

注：传统分类系统中的本亚科在当前新系统中隶属瘤蛾科 Nolidae，但是原包含的部分种类有些移入其他科或亚科中。

9.1 胡桃豹夜蛾 *Sinna extrema* (Walker, 1854)（图版 18:8）

形态特征：翅展 32~40 mm。头部白色；触角基部白色，其外灰色至灰白色。胸部白色至黄白色，其上具一橙色或绿色斑块，领片橙黄色或淡绿色。腹部灰白色至黄白色。前翅底色白色；基线橙黄色或淡绿色粗大明显，自前缘外斜延伸至后缘；内横线棕黄色或淡绿色粗大明显，宽度不均匀，由前缘外斜延伸至后缘；中横线与内横线近似，为宽度不均匀的棕黄色或淡绿色粗线，由前缘呈与内横线近平行状外斜至后缘，并在近前缘及近中室处与内横线相接，在中横线区形成 3 处白色斑块；外横线棕黄色或淡绿色，由前缘外斜至 2A 脉处与中横线合并，并在中室前后与中横线相接，形成若干白色斑块；亚缘线橙色或淡绿色粗大明显，自前缘外斜至 M₁ 脉处后呈与外缘平行延伸至 2A 脉处再内斜，向后延伸至后缘并渐模糊；外缘线由 5 个黑色粗大点状斑组成；饰毛较底色略深；环状纹及肾状纹不显；顶角靠近亚缘线位置具 2 个短条状黑色斑块。后翅底色亮白色或略带浅黄色；新月纹不显；外缘区略带黄色；饰毛黄白色。

分布： 江西、黑龙江、陕西、河南、山东、江苏、浙江、湖北、湖南、福建、海南、四川；朝鲜、韩国、日本、俄罗斯、泰国。

注： 根据新分类系统当前隶属瘤蛾科 Nolidae 丽夜蛾亚科 Chloephorinae。

9.2 银斑砌石夜蛾 *Gabala argentata* Butler, 1818（图版 19:1）

形态特征： 翅展 32~40 mm。头部白色至黄白色；触角棕色至棕灰色。胸部黄白色至白色，中央灰色；领片和肩板具有棕色环纹。腹部白色至黄白色，中央具灰色至棕灰色纵纹。前翅棕黄色至棕褐色；基线呈一白色至黄白色点斑，中央具有一外斜条线；内横线由 2 个前大后小白色至黄白色点斑组成；中横线由白色至黄白色 5 大 2 小的点斑组成；外横线在前缘区呈点斑，M₁ 脉之后为黑色点斑列组成的双线，Cu₁ 脉内弯折至中室后缘，其后内侧线较明显；亚缘线在前缘呈中型点斑，其后由小点斑组成，有些个体模糊，为黄灰色细线；肾状纹呈黄灰色弧形条斑；中横线区密布白色至棕黄色环形斑；亚缘线区在前缘区密布白色至棕黄色网状斑。后翅灰白色至浑白色；外缘区色深。

分布： 江西、浙江、湖南、广东、海南、西藏、台湾；朝鲜、韩国、日本、越南、泰国、缅甸、印度。

注： 根据新分类系统当前隶属瘤蛾科 Nolidae 丽夜蛾亚科 Chloephorinae。

9.3 燕夜蛾 *Aventiola pusilla* (Butler, 1879)（图版 19:2）

形态特征： 翅展 15~17 mm。头部白色至灰褐色；触角丝状灰褐色。胸部灰褐色；领片和肩板灰白色至灰色。腹部灰褐色至棕褐色。前翅深灰色至黑褐色；前缘亚缘线区具一棕黑色大型块斑；基线灰黑色至黑色不明显，仅在前后端具一小点斑；内横线灰黑色至黑色，由前缘波浪形延伸至后缘，并于前缘形成一明显黑色小点，或出现断裂；中横线黑色宽大明显，在中室外突明显；外横线前缘区多白色外斜，其后灰白色或淡白色波浪形内斜至后缘；亚缘线白色至淡灰白色，由前缘近波浪形内斜；外缘线由翅脉间的黑色条斑组成；环状纹不显或晕状灰褐色点斑；肾状纹多双瞳圆斑，相连或分离，多内侧相连或分离成 2 个明显的黑色点斑；中横线至基部色淡，其外色略深。后翅底色深灰色至黑褐色；新月纹隐约可见或呈一黑色点斑；中横线烟黑色；外横线和亚缘线灰白色，内侧伴衬淡烟黑色；外缘线黑色；外缘 M_2 脉端内凹明显。

分布：江西、山东、黑龙江、河北、江苏、四川；日本。

注：根据新分类系统当前隶属目夜蛾科 Erebidae 菌夜蛾亚科 Boletobiinae。

9.4 斑表夜蛾 *Titulcia confictella* Walker, 1864（图版 19:3）

形态特征：翅展 18~19 mm。头部和触角棕黄色至橘黄色。胸部银白色。腹部第 1~2 节银白色，前者中央具有一橘黄色小毛簇，其余腹节多灰黄色。前翅橘黄色至橘红色；各横线不明显；基部中室前缘至后缘具有三角形银白斑；外大半部为近似大方形的银白色斑；顶角具有一银白色小圆形；饰毛黄色至橘黄色；环状纹和肾状纹不明显。后翅乳白色至白色，有些个体前、外缘区色略深。

分布：江西、台湾；泰国、缅甸、越南、菲律宾、文莱、新加坡、马来西亚、印度尼西亚。

注：根据新分类系统当前隶属瘤蛾科 Nolidae 丽夜蛾亚科 Chloephorinae。

9.5 粉缘钻夜蛾 *Earia spudicana* Staudinger, 1887（图版 19:4）

形态特征：翅展 20~21 mm。头部和触角淡黄绿色至粉绿色。胸部黄绿色，部分个体掺杂淡粉红色。腹部黄绿色。前翅黄绿色；基线一粉白色条纹或不显；肾状纹褐色至黑色不规则圆形斑，部分个体圆斑淡化或消失；内横线、中横线、外横线和亚缘线均不显；外缘线为一深黄绿色或浅棕色细线；饰毛明显，褐色至黑色，掺杂黄绿色。后翅亮白，或略带浅黄色；新月纹不显；外缘区和前缘区黄色；饰毛黄白色至黄色。

分布：江西、黑龙江、吉林、辽宁、河北、山东、山西、宁夏、江苏、浙江、湖北、湖南；朝鲜、韩国、日本、俄罗斯。

注：根据新分类系统当前隶属瘤蛾科 Nolidae 丽夜蛾亚科 Chloephorinae。

9.6 玫缘钻夜蛾 *Earias roseifera* Butler, 1881（图版 19:5）

形态特征：翅展 18~21 mm。头部黄色；触角丝状，灰黄色，掺杂玫红色。胸部黄绿色至黄色，部分个体掺杂淡玫红色；领片色略深；肩板玫红色较浓。腹部黄绿色。前翅黄绿色；前缘基半部粉红色至玫红色明显；肾状纹不显，或有些个体形成一玫红色大圆斑，或只有少许玫红色鳞片覆盖；基线、内横线、中横线、外横线和亚缘线均不显，外缘线为一深黄绿色细线；饰毛明显，深玫红色至红黑色；环状纹不显。后翅底色白色或黄白色；新月纹不显；外缘区黄色窄带；饰毛黄白色至黄色与白色相间；翅脉黄色至黄绿色可见。

分布： 江西、黑龙江、北京、河北、山东、江苏、湖北、四川、台湾；俄罗斯、日本、印度。

注： 根据新分类系统当前隶属瘤蛾科 Nolidae 丽夜蛾亚科 Chloephorinae。

9.7 栗摩夜蛾 *Maurilia iconica* (Walker, [1858]1857)（图版 19:6）

形态特征： 翅展 35~37 mm。头部和触角棕色至棕红色。胸部棕色至棕红色，中央两侧具有火红色纵条纹，后胸后缘棕灰色。腹部棕灰色。前翅棕色至棕红色；基线多不显，后缘可见深棕红色点斑；内横线深棕红色，波浪形弯曲外斜；中横线深棕红色，与内横线略平行；外横线深棕红色双线，波浪形外斜；亚缘线深棕红色双线，内侧线较模糊，外侧线前半部在翅脉间呈黑色小点斑列，M_{2-3} 处内伸明显；外缘线灰红色细线；外缘线区在 R_5 至 Cu_2 脉间色深明显；环状纹隐约可见晕状小点斑；环状纹深棕红色弧形条斑。后翅灰白色至浑灰色；前缘、外缘色深；翅脉灰褐色明显；2A 脉和褶脉色深明显，呈纵条纹。

分布： 江西、广西、西藏；日本、泰国、缅甸、斯里兰卡、老挝、越南、马来西亚、印度尼西亚、新加坡、巴布亚新几内亚、菲律宾、尼泊尔、印度；大洋洲。

注： 根据新分类系统当前隶属瘤蛾科 Nolidae 丽夜蛾亚科 Chloephorinae。

9.8 土夜蛾 *Macrochthonia fervens* Butler, 1881（图版 19:7）

形态特征： 翅展 31~40 mm。个体变异较大。头部和触角灰黄色。胸部灰白色，散布淡黄色；领片和肩板灰黄色。腹部淡灰黄色。前翅土黄色至淡棕黄色；基线棕红色，弧形短线；内横线棕红色，前缘区较粗，其后较细，波浪形弯曲，中室处内凹明显；中横线棕红色，前缘区红色较浓，且略粗，中室后缘之后内向弧形弯曲至后缘；外横线灰黄色，前缘区略粗，其后略波浪形弯曲内斜；亚缘线淡棕黄色，较模糊；外缘线纤细的灰黄色至黄色细线；环状纹晕状大圆斑，中央可见一棕红色小点斑；肾状纹略棕褐色桃形，内部可见 1~2 个灰白色至白色小点斑；基部前缘区色深；内、中横线区黄色较明显；外横线和亚缘线区棕红色明显；外缘线区灰黄色至淡黄色明显，向外缘渐淡。后翅白色至灰白色；翅脉隐约可见。

分布： 江西、黑龙江、江苏、浙江、湖北、台湾；朝鲜、韩国、日本、俄罗斯。

注： 根据新分类系统当前隶属瘤蛾科 Nolidae 丽夜蛾亚科 Chloephorinae。

9.9 红衣夜蛾 *Clethrophora distincta* (Leech, 1889)（图版 19:8）

形态特征：翅展 31~40 mm。个体颜色差异较大。头部和触角棕红色至棕绿色。胸部棕红色至绿色，中央两侧具有黑色纵条纹，在后胸相连；领片棕黑色；肩板色略深。腹部棕色至棕褐色。前翅棕红色至绿色；基线模糊或不显；内、中横线不明显；外横线灰绿色略内向弧形弯曲；亚缘线褐绿色至深绿色，波浪形弯曲，中部略外向弧形突出；外缘线烟黑色至深绿色，或两色相间；外缘在 M_3 脉端外突可见，有些个体钩状外突；环状纹不显；肾状纹呈一黑色小点斑。后翅赤红色至橘黄色，有些个体艳黄色；新月纹呈一小点斑，有些个体晕状或不显；前缘区灰白色；各横线不显。

分布：江西、湖北、湖南、浙江、福建、云南、西藏、台湾；朝鲜、韩国、日本、泰国、越南、印度尼西亚、印度、尼泊尔。

注：根据新分类系统当前隶属瘤蛾科 Nolidae 丽夜蛾亚科 Chloephorinae。

9.10 太平粉翠夜蛾 *Hylophilodes tsukusensis* Nagano, 1918（图版 20:1）

形态特征：翅展 32~39 mm。个体颜色差异较大。头部橘红色至棕褐色；触角棕褐色至棕黄色。胸部黄绿色至棕灰色；领片橘红色；肩板色深。前翅灰绿色至淡绿色；基部色略深，基线模糊；内横线深灰绿色至深绿色，略内斜直线；中横线不显；外横线内斜，呈较粗的、略直的深灰绿色至深绿色线，有些个体内侧伴衬灰白色或底色变淡；亚缘线深灰绿色至深绿色大锯齿状，有些个体模糊；环状纹不显；肾状纹深灰绿色至深绿色小条斑，有些个体晕状较模糊；外缘线呈纤细的深灰绿色至深绿色细线；顶角尖锐；有些个体前缘区色较深。后翅灰白色至白色；翅脉可见或不显；有些个体前、外、后缘区色较深，掺杂黄绿色至绿色。

分布：江西、浙江、台湾；日本、泰国、老挝。

注：根据新分类系统当前隶属瘤蛾科 Nolidae 丽夜蛾亚科 Chloephorinae。

9.11 矫饰夜蛾 *Pseudoips amarilla* (Draudt, 1950)（图版 20:2）

形态特征：翅展 34~36 mm。个体颜色差异较大。头部黑色；触角棕褐色。胸部棕褐色至棕红色，两侧具有黑色纵条于后胸相连；领片黑色，肩板棕灰色至深灰色。腹部多灰白色。前翅灰绿色，基半部色深；基线和内横线不明显；中横线棕黄色，前缘区不明显或极淡，其后内斜可见；外横线棕黄色，与中横线近似平行；亚缘线模糊或不显；环状纹不显；肾状纹隐约可见晕状小条斑。后翅白色；外缘区色略深。

分布：江西、四川、云南。

注：根据新分类系统当前隶属丽夜蛾亚科 Chloephorinae。江西省新记录种。

9.12 间赭夜蛾 *Carea internifusca* Hampson, 1912（图版 20:3）

形态特征：翅展 29~34 mm。头部棕红色至赤红色，掺杂焦红色；触角棕红色。前胸棕红色，中、后胸灰色，中央两侧棕红色至赤红色。腹部灰色，散布赤红色。前翅棕红色至暗红色；基部赤红色；内横线赤红色，由前缘弧形弯曲至中室呈小角后再略平直外斜至后缘近中部；中横线不明显；外横线赤红色，波浪形弧形弯曲，略外斜；亚缘线烟黑色，较模糊；外缘线棕红色；饰毛深红色；环状纹不明显；肾状纹模糊，深红色圆斑；亚缘线和外横线区在 M_3 脉前呈一深红色三角斑；外缘线区灰色，近顶角散布青白色；后缘基部外斜明显，具灰白色。后翅较前翅淡，基部淡灰色；后缘区灰褐色。

分布：江西、台湾；日本、越南、泰国、印度。

注：根据新分类系统当前隶属瘤蛾科 Nolidae 丽夜蛾亚科 Chloephorinae。

9.13 中爱丽夜蛾 *Ariolica chinensis* Swinhoe, 1902（图版 20:4）

形态特征：翅展 26~27 mm。头部灰白色至白色；触角灰白色至灰色。胸部白色至银白色；领片后缘淡橘黄色。腹部银白色。前翅白色至银白色；基线在前缘呈一橘黄色至棕黄色点斑；内横线呈橘红色至棕黄色略弯曲内斜宽带；中横线不显；外横线橘红色至棕黄色波浪形弯曲外斜；亚缘线橘红色至棕黄色，与外横线中部相连，在前缘区和外缘线区与外横线分离；外缘线橘红色至棕黄色；饰毛烟黑色与橘黄色至棕黄色相间；环状纹不显；肾状纹隐约可见深橘黄色至棕黄色椭圆形斑。后翅白色，各横线和新月纹不显。

分布：江西、湖南、四川。

注：根据新分类系统当前隶属瘤蛾科 Nolidae 丽夜蛾亚科 Chloephorinae。

9.14 霜夜蛾 *Gelastocera exusta* Butler, 1877（图版 20:5）

形态特征：翅展 30~33 mm。个体颜色差异较大。头部灰白色至淡灰色；触角棕褐色至棕黄色。胸部灰白色至淡灰色，中央两侧具有棕褐色纵线条；领片棕红色至橘红色，后缘多黑色；肩板色略深。腹部淡灰色，掺杂棕红色。前翅棕褐色至淡棕色，散布棕红色；基部深棕褐色；基线深烟褐色，较模糊；内横线烟黑色，前缘区略粗，其后较细；中横线烟黑色至黑色，前半部晕状可见，其后深棕色，较模糊；外横线烟黑色至黑色，M_1 脉前较粗，其后色淡且纤细，略波浪形弯曲；亚缘线烟黑色至淡黑色，波浪形弯曲；外缘线呈纤细的浅棕褐色细线；外缘线区翅脉上可见烟黑色；环状纹不显；肾状纹棕红色晕状块斑，中央略显烟黑色条斑。后翅灰白色，由内向外渐深；各横线和新月纹不显。

分布：江西、湖北、湖南、海南、四川、西藏、台湾；朝鲜、韩国、日本、俄罗斯。

注：根据新分类系统当前隶属瘤蛾科 Nolidae 丽夜蛾亚科 Chloephorinae。

9.15 二点花布夜蛾 *Camptoloma binotatum* Butler, 1881（图版 20:6）

形态特征：翅展 37~39 mm。头部黄白色至淡黄色；触角灰色。胸部黄色至深黄色；领片色略深；肩板色略淡。腹部黄色。前翅黄色；基线不显；内横线黑色，由前缘弧形外斜至中室后缘，其后略直外斜至臀角，与中横线邻近；中横线黑色，前缘强外斜，其后缓外斜至臀角；外横线黑色，略内向弧形弯曲至 Cu_1 脉，其后深粉红色内斜至后缘；亚缘线黑色略内斜至 Cu_1 脉前；外缘线 R_5 脉前黄色，其后至 Cu_1 脉黑色，Cu_{1-2} 和 Cu_2 至 2A 脉间呈黑色点斑；环状纹不显或隐约可见深黄色小圆斑；肾状纹黑色弧形条斑；臀角粉红色；2A 脉中部后侧伴衬一黑色条纹。后侧黄色至艳黄色；新月纹呈灰黄色小弧形条斑；外横线深黄色弧形弯曲，较模糊；有些个体亚缘线可见灰黑色散布条线，较模糊。

分布：江西、广东；日本、泰国、缅甸、尼泊尔、印度。

注：根据新分类系统当前隶属瘤蛾科 Nolidae 丽夜蛾亚科 Chloephorinae。江西省新记录种。

9.16 华鸮夜蛾 *Negeta noloides* Draudt, 1950（图版 20:7）

形态特征：翅展 28~29 mm。头部灰色至灰白色；触角灰色。胸部和腹部乳白色。前翅乳白色，散布焦黄色，由基部向外渐深；基线不显；内横线在前缘棕黑色，其后焦黄色至中室前缘，其后不显，仅在褶脉略显棕黑色小点；中横线不显；外横线在前缘区棕黑色，内侧伴衬焦黄色，其后淡棕黄色渐细，近后缘不显；亚缘线淡棕黄色，晕状，弧形弯曲，前后端较淡，在外缘区外侧伴衬一烟黑色小块斑；外缘线同底色；后缘中部外伸呈宽舌状；环状纹黄色晕斑；肾状纹呈一黑色小点斑。后翅灰白色，由内至外渐深；外缘区色深。

分布：江西、浙江、湖南。

注：根据新分类系统当前隶属瘤蛾科 Nolidae 俊夜蛾亚科 Westermanniinae。

9.17 绿角翅夜蛾 *Tyana falcata* (Walker, 1866)（图版 20:8）

形态特征：翅展 31~32 mm。头部灰绿色至绿色；触角褐色与白色相间。胸部灰绿色至绿色，分布灰白色点斑。前翅绿色；前缘黑色；各横线不显；外缘区亮绿色；环状纹不显；肾状纹条斑，前、后端呈褐色点斑；顶角尖锐，且略散布粉红色；外缘略直线内斜。后翅白色，各横线和新月纹不显。

分布：江西、福建、海南、四川、西藏；泰国、老挝、尼泊尔、印度。

注：根据新分类系统当前隶属瘤蛾科 Nolidae 丽夜蛾亚科 Chloephorinae。

10 绮夜蛾亚科 Acontiinae

注：传统分类系统中的本亚科在当前新系统中隶属夜蛾科 Noctuidae，但是原包含的部分种类有些移入其他科或亚科。

10.1 美蝠夜蛾 *Lophoruza pulcherrima* (Butler, 1879)（图版 21:1）

形态特征：翅展 24~25 mm。头部灰白色；触角灰色至灰褐色。胸部灰白色至棕灰色；领片和肩板色淡。腹部棕灰色至深灰色。前翅灰白色至灰黄色；基线橙黄色弧形；内横线棕灰色弧形弯曲；中横线较模糊，中室后缘前灰色，其后棕色至棕褐色；外横线烟黑色至棕褐色，在前缘区外侧伴衬白色，由前缘弧形弯曲到中室后缘，再内向弧形内斜至后缘；亚缘线白色，由前至后渐淡，波浪形弯曲；外缘线棕褐色，内侧伴衬小点斑列，M 脉区略大；环状纹淡小圆点斑；肾状纹棕色圆斑，内部散布 3~4 个黑色小点斑；中、内横线区色淡。后翅基部浑黄色；内横线黑色；中、外横线模糊不显；亚缘线灰白色，两侧伴衬灰褐色，且仅在 Cu$_2$ 脉之后明显；外缘线同前翅；肾状纹褐色内斜条斑；内横线至外缘灰色至棕灰色。

分布：江西、吉林、辽宁、河北、广西、四川；朝鲜、韩国、日本。

注：根据新分类系统当前隶属目夜蛾科 Erebidae 菌夜蛾亚科 Boletobiinae。

10.2 粉条巧夜蛾 *Ataboruza divisa* (Walker, 1862)（图版 21:2）

形态特征：翅展 16~17 mm。头部和触角棕褐色至棕色。胸部灰白色至白色；领片棕色较浓。腹部第 1 节灰白色至白色，其余部分棕色至棕褐色。前翅前半部灰白色至白色条带，散布淡棕色，后半部棕褐色至棕红色；基线不显；内横线淡棕色弧形；中横线仅在前缘呈棕色点斑，其余部分极弱模糊；外横线在前缘可见棕色小点斑，其后灰白色外斜至 M_2 脉，再深棕褐色波浪形内斜至后缘；亚缘线在 M_1 脉前呈淡棕色内向弯曲弧形，其后深棕褐色波浪形内斜至后缘，其外侧在翅脉间伴衬白色小点斑；外缘线棕黄色细线，内侧翅脉间伴衬一条黑白相间的点列；环状纹不显或极模糊；肾状纹为白色至灰白色的椭圆形，内侧前后缘可见 2 个黑色小点斑；顶角具有白色圆斑。后翅基部灰白色至白色，其余部分棕褐色至棕红色；新月纹深棕褐色小点斑；外横线深棕褐色波浪形弯曲；亚缘线深棕褐色，外侧隐约伴衬白色斑；外缘线同前翅；后缘灰白色至白色。

分布：江西、江苏、福建、海南、台湾；朝鲜、韩国、日本、泰国、菲律宾、斯里兰卡、新加坡、马来西亚、印度尼西亚、印度、巴布亚新几内亚、澳大利亚；非洲。

注：《中国动物志》（夜蛾科）中将本种归入"巧夜蛾属 *Oruza* Walker, 1861"；Holloway（2009）根据本种特征与巧夜蛾属的不同，新建立"粉条夜蛾属 *Ataboruza*"，据此将其属予以调整。根据新分类系统当前隶属目夜蛾科 Erebidae 菌夜蛾亚科 Boletobiinae。

10.3 东亚粉条巧夜蛾 *Ataboruza lauta* (Butler, 1878)（图版 21:3）

形态特征：翅展 17~18 mm。头部暗棕色，前端略带灰白色；触角黄棕色。胸部白色至乳白色，散布极淡棕色，略有深褐色小点斑散布；领片暗棕色；肩板色较胸部略淡。腹部前 2 节同胸部，其后褐棕色。前翅后缘距基部 1/3 处至 M_1 脉近端部与前缘合围区域呈白色至乳白色，散布淡黄色至淡棕色，其余部分灰棕色至淡红棕色；基线不显；内横线仅在前缘和中室前缘可见很小的黑色点斑；中横线不显；外横线在前缘可见一很小的黑色点斑，其后隐约可见较底色淡的纤细线外伸至 R_5 脉后内折，烟黑色波浪形弯曲至后缘；亚缘线弱灰白色，小波浪形弧形弯曲；外缘线暗棕褐色，外侧伴衬棕黄色；外缘线区翅脉间端部具有黑白相间的小圆斑；顶角具黄白色近半圆形斑；肾状纹模糊，有些个体隐约可见扁圆形。后翅基部白色至乳白色，其余部分灰棕色至淡红棕色；新月纹可见烟黑色斜线；中横线烟黑色波浪形，隐约可见；亚缘线灰色至灰白色，小波浪形弯曲；外缘线同前翅；外缘区各翅脉端具有黑白相间的小圆斑。

分布：江西、台湾；日本、泰国、菲律宾、巴布亚新几内亚、马来西亚、印度尼西亚、斯里兰卡、印度、尼泊尔。

注：根据新分类系统当前隶属目夜蛾科 Erebidae 菌夜蛾亚科 Boletobiinae。

10.4 姬夜蛾 *Phyllophila obliterata* (Rambur, 1833) （图版 21:4）

形态特征： 翅展 19~24 mm。头部灰白色带淡褐色；触角基半部灰色，外半部灰褐色。胸部灰褐色，领片淡灰褐色。腹部灰白色，掺杂棕色。前翅底色灰白色至灰色；基线淡褐色不明显；内横线淡灰褐色，较模糊；中横线淡灰褐色不明显，由前缘内斜至后缘；外横线棕褐色至黑色条带，中室具有断裂，中室后缘内斜至后缘；亚缘线棕灰色至深灰色条带，自顶角内斜至 2A 脉处向外弯；外缘线由翅脉间的黑点组成；环状纹不显或隐约可见略深灰色圆斑；肾状纹多样，黑色楔形、不规则斑块或弯月形；亚缘线区除前缘区色同底色之外，深灰色明显。后翅底色浅土黄色至灰色；新月纹隐约可见；外缘区略带灰色或同底色。

分布： 江西、黑龙江、内蒙古、新疆、河北、陕西、山东、江苏、浙江、湖北、福建；朝鲜、韩国、日本、俄罗斯；欧洲。

注： 根据新分类系统当前隶属夜蛾科 Noctuidae 文夜蛾亚科 Eustrotiinae。

10.5 缰夜蛾 *Chamyrisilla ampolleta* Draudt, 1950 （图版 21:5）

形态特征： 翅展 19~20 mm。头部和触角橘红色。胸部红色至深橘红色。腹部棕色，前半部中央具有深橘红色毛簇。前翅棕褐色至黑褐色；基线不明显；内横线灰褐色至黑色，纤细，波浪形弯曲，较模糊；中横线不明显；外横线黑色，弧形弯曲，在 2A 脉处内凹明显；亚缘线灰白色至棕灰色纤细的线，波浪形弯曲；外缘线黑色；环状纹呈一朱红色至深褐色圆斑；肾状纹白色山形；前缘外半部可见 3~4 个白色点斑。后翅棕灰色至深灰色；新月纹灰褐色晕状弧形条斑；亚缘线灰褐色。

分布： 江西、浙江、湖南。

注： 根据新分类系统当前隶属夜蛾科 Noctuidae 绮夜蛾亚科 Acontiinae。

10.6 标瑙夜蛾 *Maliattha signifera* (Walker, 1857) （图版 21:6）

形态特征： 翅展 16~17 mm。头部黑色至灰褐色；触角丝状黑色。胸部白色；领片淡灰褐色。腹部第 1~2 节白色，其余部分黑褐色。前翅白色；基线烟黑色；内横线黑色明显，由前缘波浪状延伸至后缘；中横线略明显，可见一深褐色带由前缘波浪形延伸至后缘；外横线黑褐色明显，呈波浪状，由前缘先斜向外伸呈一角状突起后内折，再近平直延伸至后缘；亚缘线白色，纤细；外缘线由一列黑色细长斑组成；饰毛灰褐色，掺杂白色；环状纹不显；肾状纹白色明显，中心可见两黑点，亦或相连；内横线至基部白色；外横线区白色；中横线区灰褐色；外缘线和亚缘线区黑褐色明显。后翅灰色至灰白色；新月纹隐约可见；

外缘区部分颜色略深，有些散布烟黑色。

分布：江西、河北、江苏、湖北、福建、广东、广西、台湾、香港；朝鲜、韩国、日本、泰国、越南、柬埔寨、菲律宾、缅甸、马来西亚、印度尼西亚、斯里兰卡、印度、尼泊尔、巴基斯坦；大洋洲。

注：根据新分类系统当前隶属夜蛾科 Noctuidae 文夜蛾亚科 Eustrotiinae。

10.7 丽瑙夜蛾 *Maliattha bella* (Staudinger, 1888)（图版 21:7）

形态特征：翅展 18~19 mm。头部白色；触角棕灰色。胸部棕灰色；领片色略深。腹部淡灰色至灰白色。前翅基半部淡棕灰色散布淡棕色，外半部深棕褐色散布黑色；基线模糊；内横线中室前缘之前略见黑褐色小条线，其后不明显；中横线中室前缘之前略见外斜的黑褐色小条线，中室断裂，其后白色内斜，外侧略见黑褐色；外横线 R_5 脉前白色，其后至 Cu_2 脉淡灰色，模糊，再后白色内向弧形弯曲，内侧伴衬黑色，外侧伴衬橘红色块斑；亚缘线极淡灰色，纤细，较模糊；外缘线黑褐色；环状纹模糊；肾状纹模糊，内侧前后端略见黑色小点斑。后翅灰色；新月纹晕状深灰色弧形条斑；外缘区色深。

分布：江西、浙江、湖南；朝鲜、韩国、日本、俄罗斯。

注：根据新分类系统当前隶属夜蛾科 Noctuidae 文夜蛾亚科 Eustrotiinae。江西省新记录种。

10.8 亭冠夜蛾 *Victrix gracilior* (Draudt, 1950)（图版 21:8）

形态特征：翅展 24~27 mm。头部白色；触角青灰色。胸部白色；领片灰白色；肩板前半部黄白色，后半部白色。腹部灰白色。前翅淡黄白色；基线黑色外斜线，内、外侧伴衬白色；内横线黑色，前缘较粗，其后纤细，波浪形弯曲略外斜，2A 脉处内凹成角明显；中横线黑色，中室前缘之前黑色略粗，中室后缘之后烟黑色波浪形内斜；外横线前缘呈黑色点斑，其后至 R_5 脉断裂，再以黑色外向弧形弯曲至 Cu_2 脉后波浪形弯曲内斜至后缘；亚缘线在前缘区白色至灰白色，其后断裂，在 M_2 脉后可见淡黑灰色，Cu_2 脉之后分叉，再在后缘合拢；外缘线黑色；环状纹圆形双瞳；肾状纹黑色环形；外缘线区白色，散布灰色；外横线区中室端部密布淡黑灰色网状；中横线与环状纹间呈一黑色块斑；前缘黑灰色，可见白色点斑。后翅灰色；新月纹晕状深灰色；饰毛多白色。

分布：江西、河北、陕西。

注：《中国动物志》（夜蛾科）中将本种归入"俚夜蛾属 *Deltote* Reichenbach Leipzig,

1817"，并称为"亭俚夜蛾"；Varga & Ronkay（1989，1991）对"*Victrix* Staudinger, 1879"进行修订后将本种归入该属，据此给出该属中文名"冠夜蛾属"，并将本种中文名修改为"亭冠夜蛾"。根据新分类系统当前隶属夜蛾科 Noctuidae 苔藓夜蛾亚科 Bryophilinae。江西省新记录种。

10.9 虚俚夜蛾 *Koyaga falsa* (Butler, 1885)（图版 22:1）

形态特征：翅展 29~31 mm。头部棕色；触角棕灰色。胸部棕灰色；肩板前部和领片色深。腹部暗棕灰色至灰色。前翅烟黑色至黑褐色；基线黑色较模糊；内横线波浪形黑色双线，双线间灰色至棕灰色，内侧线较模糊，外侧线明显；中横线黑色，模糊，有断裂，前缘区明显；外横线大波浪形双线，由前缘外向弧形弯曲至 Cu_1 脉，再略内向弧形至后缘，双线间白色至黄白色，外侧线棕黑色至棕色，Cu_1 脉前略粗，其后纤细较模糊，内侧线黑色；亚缘线灰白色至黄灰色，波浪形弯曲；外缘线由黑色小条斑组成；外缘线区褐色至深褐色，Cu_1 脉近端部具黑色条纹；亚缘线区由前半部向后呈暗棕色渐淡，Cu_1 脉后与外横线双线间组成黄白色至白色大斑；中、外横线区同底色；内横线区黑色较浓；环状纹环形圆斑，外框灰白色至黄白色；肾状纹腰果形，外框灰白色至黄白色。后翅灰褐色；新月纹有些个体隐约可见晕状小斑，或不显；由内至外底色略深。

分布：江西、吉林、江苏、四川；朝鲜、韩国、日本、俄罗斯。

注：《中国动物志》（夜蛾科）中将本种归入"俚夜蛾属 *Lithacodia* Butler, 1818"，并称为"虚俚夜蛾"；Ueda（1984）修订"*Lithacodia*"时以本种为模式种建立新属"*Koyaga*"，据此给出该属中文名"虚俚夜蛾属"，并沿用本种中文名。根据新分类系统当前隶属夜蛾科 Noctuidae 文夜蛾亚科 Eustrotiinae。

10.10 白臀俚夜蛾 *Protodeltote pygarga* (Hufnagel, 1766)（图版 22:2）

形态特征：翅展 24~25 mm。头部棕褐色，散布灰白色；触角灰色至棕灰色。胸部灰色；领片前半部棕褐色，后半部灰色较浓，上缘棕色较深，散布灰白色。腹部灰褐色，第 1~2 节具有棕色毛簇。前翅棕褐色至烟褐色；基线棕褐色短双线，双线间棕灰色；内横线棕褐色至黑褐色波浪形弯曲双线，双线间淡棕灰色至淡灰色；中横线呈棕褐色至黑褐色晕状波浪形粗线，中部略外向弧形；外横线棕褐色至深褐色波浪形弯曲双线，前缘略远离，其余部分相邻，在中室端部外侧外向弧形弯曲，其后略波浪形内向弧形至后缘，双线间白色；亚缘线白色晕状条线，色较淡，后半部较模糊，略波浪形内斜；外缘线由黑色条线组成；

外缘线区色淡；亚缘线区前大半部棕褐色较深，后小半部灰白色明显呈条斑；环状纹隐约可见小环状圆斑，略有断裂；肾状纹腰果形，外框白色，中央具有一白色条线。后翅灰褐色至淡褐色；近外缘线色略深。

分布：江西、黑龙江、吉林、辽宁；朝鲜、韩国、日本、俄罗斯、哈萨克斯坦；高加索地区、欧洲。

注：《中国动物志》（夜蛾科）中将本种归入"俚夜蛾属 *Lithacodia* Butler, 1818"，并称为"白臀俚夜蛾"；Ueda（1984）修订"*Lithacodia*"时以本种为模式种建立新属"*Protodeltote*"，据此给出该属中文名"白臀俚夜蛾属"，并沿用本种中文名。根据新分类系统当前隶属夜蛾科 Noctuidae 文夜蛾亚科 Eustrotiinae。江西省新记录种。

10.11 稻白臀俚夜蛾 *Protodeltote distinguenda* (Staudinger, 1888)（图版 22:3）

形态特征：翅展 24~25 mm。头部黑褐色，掺杂白色；触角黑褐色与灰白色相间。胸部灰白色，中央两侧棕褐色至棕红色条线，在后胸后缘相连；领片前半部棕褐色，后半部灰白色偏多。腹部烟黑色至淡黑色，各节中央黑色，节间灰白色。前翅烟黑色至淡黑色，散布褐色；基线黑色模糊或不明显；内横线黑色双线较模糊，双线间灰白色略多，有些个体极弱；中横线在前、后缘区黑色晕条，中室色淡似断裂；外横线白色波浪形双线，在中室端外突明显，前缘区略远离，M_2 脉后邻近；亚缘线白色，小波浪形弯曲略内斜；外缘线黑色条斑和点斑组成，内侧伴衬白色；中横线区色略淡；环状纹白色圆环形斑；肾状纹腰果形，外框白色；楔状纹弹头形，外框白色。后翅灰色至深灰色；新月纹隐约可见，或极弱，或不显；外缘区色略深。

分布：江西、黑龙江、吉林、福建、广西、台湾；朝鲜、韩国、日本、俄罗斯。

注：属变更同前种，据此给出本种中文名"稻白臀俚夜蛾"。根据新分类系统当前隶属夜蛾科 Noctuidae 文夜蛾亚科 Eustrotiinae。

10.12 斜带绮夜蛾 *Acontia olivacea* (Hampson, 1891)（图版 22:4）

形态特征：翅展 19~20 mm。头部棕黄色；触角黄白色。胸部棕灰色至黄灰色；领片棕黄色至橘黄色；肩板灰白色至乳白色。腹部灰白色至乳白色，散布棕黄色。前翅外横线区中室后缘之前、中横线区中室后缘之前、内横线区和基部多乳白色，前缘散布淡灰色，后部略淡黄白色，其余部分密布棕黄色至焦黄色；基线不显；内横线淡黄白色，仅在中室后缘之后略可见，之前极弱；中横线仅在前缘略显极弱的黄白色；外横线 Cu_1 脉前极弱，其后呈乳白色明显内斜直线；亚缘线纤细白色弱线，前缘区略可见，其余部分模糊；外缘线由褐色小线条列组成；外缘线区在顶角部分灰白色小弧斑；环状纹不显；肾状纹为淡灰色内斜扁椭圆形条斑。后翅淡棕灰色至淡褐灰色；新月纹极弱。

分布：江西、江苏、浙江、台湾；朝鲜、韩国、日本、俄罗斯、泰国、菲律宾、印度尼西亚、印度、尼泊尔。

注：根据新分类系统当前隶属夜蛾科 Noctuidae 绮夜蛾亚科 Acontiinae。江西省新记录种。

10.13 稻螟蛉夜蛾 *Naranga aenescens* Moore, 1881（图版 22:5）

形态特征：翅展 16~19 mm。个体变异较大。头部淡黄色至橘黄色；触角棕黄色。胸部棕黄色至橘红色，散布灰褐色，有些个体淡黄色。腹部黄色至褐黄色。前翅黄色至棕黄色，有些个体散布淡红色；基线多不显，有些个体仅在前缘略可见一小点斑；内、中横线不显；外横线呈棕色至棕褐色内斜条带，在 M_2 脉外突锐角明显；亚缘线棕色至淡棕褐色内斜细条带，由顶角出发，有些个体具断裂或部分模糊；基纵纹棕色至棕褐色晕状分布，有些个体缺失；环状纹缺失，或呈一黑色小点斑；肾状纹呈模糊的卵形，或缺失。后翅棕灰色至深棕褐色；饰毛多黄色。

分布：江西、河北、陕西、江苏、湖南、福建、广西、云南、台湾；朝鲜、韩国、日本、俄罗斯、缅甸、印度尼西亚、尼泊尔、印度。

注：根据新分类系统当前隶属夜蛾科 Noctuidae 文夜蛾亚科 Eustrotiinae。

10.14 台微木夜蛾 *Microxyla confusa* (Wileman, 1911)（图版 22:6）

形态特征：翅展约 19 mm。头部灰色；触角深灰色。胸部灰色至淡灰黄色；领片红灰色；肩板近白色。腹部亮灰白色至米灰色，纤细。前翅略狭，灰白色至淡米灰色；基线淡黑色，模糊；内横线呈一黑色外斜斑，有些个体不明显；中横线模糊；外横线灰色，波浪形弯曲，其内侧在前缘区呈黑色三角形楔斑，有些个体仅显块状晕斑；亚缘线灰白色至灰色，小波浪形弯曲，较模糊；肾状纹深棕色条斑，内侧伴衬少量黑色；外缘线区和亚缘线区翅脉黑褐色明显，翅脉间有黑褐色纵条斑；有些个体中室外半部可见非常明显的纵条斑。后翅较前翅淡，由基部向外色渐深，无明显斑或纹。

分布：江西；朝鲜、韩国、日本。

注：根据新分类系统当前隶属夜蛾科 Noctuidae 文夜蛾亚科 Eustrotiinae。

10.15 绿褐嵌夜蛾 *Micardia pulcherrima* (Moore, 1867)（图版 22:7）

形态特征：翅展 28~29 mm。头部灰白色至乳白色；触角灰色至棕灰色。胸部灰白色至乳白色；领片黄白色。腹部灰白色至乳白色。前翅乳白色至黄白色，散布灰色和褐色；前缘区黄灰色散布较浓；各横线均模糊或不显，有些可在后缘区略显散布的棕褐色小点列；基部具一棕褐色外斜条带，经中室前、后缘向顶角和 M_2 与 Cu_1 脉间端部延伸，且色渐淡，中室后缘内侧具一白色纵条斑；外缘线翅脉间可见黑色小点斑列。后翅多灰色，散布淡棕色；新月纹晕状棕褐色点斑；外缘线可见翅脉间棕褐色点斑列。

分布：江西、四川、西藏；印度。

注：根据新分类系统当前隶属夜蛾科 Noctuidae 文夜蛾亚科 Eustrotiinae。江西省新记录种。

11 毛夜蛾亚科 Pantheinae

注：传统分类系统中的本亚科在当前新系统中隶属夜蛾科 Noctuidae。

11.1 黄异后夜蛾 *Tambana subflava* (Wileman, 1911)（图版 22:8）

形态特征：翅展 50~56 mm。个体颜色变异较大。头部白色；触角基部白色，其余部分褐色。胸部白色，边缘密布红褐色，后胸后缘多黄色；领片和肩板白色和红褐色相间。腹部第 1~3 节黄色，中央具有白色纵纹，其后红褐色，散布烟黑色。前翅棕褐色，散布红褐色；基线黑褐色双线，双线间白色，内侧线呈一大点斑，外侧线强波浪形，中室内外伸明显；内横线黑褐色双线，双线间散布白色，内侧线较淡，外侧线明显，楔状纹处外伸尖角明显；中横线在中室后缘之前可见黑褐色粗条斑，其后呈一较细的波浪形弯曲内斜至后缘；外横线黑褐色至黑色双线，双线间 M_2 脉前白色较浓，其后似底色，内侧线较明显，在肾状纹外侧外向弧形，其后略波浪形地内斜至后缘，外侧线模糊，或多在 Cu_1 脉前可见；亚缘线黑色至黑褐色波浪形弯曲内斜，M_{1-2}、M_{2-3} 间内斜线较宽，外侧伴衬白色；外缘线由黑褐色至黑色点斑列组成；环状纹多为中央白色外框黑色的小圆斑；肾状纹多样，内侧多内斜卵形，外侧由分裂的 2 条纵向白色条斑组成；外缘线区色淡，多褐色至棕褐色。后翅多橘黄色；外缘线区淡黑色至黑灰色，有些个体缺失，有些个体 Cu_2 脉具黑色纵条斑；各横线和新月纹缺失。

分布：江西、陕西、福建、广东、四川、云南、台湾；泰国、越南、印度、尼泊尔。

注：《中国动物志》（夜蛾科）中将本种归入"后夜蛾属 *Trisuloides* Butler, 1881"，并称为"黄带后夜蛾"；Behouneck et al.（2015）修订"*Tambana* Moore, 1882"时将本种归入该属，该属的模式种为"异后夜蛾属 *Tambana variegata* Moore, 1882"，据此给出中文属名"异后夜蛾属"，并给出本种中文名为"黄异后夜蛾"。

11.2 镶夜蛾 *Trichosea champa* (Moore,1879) （图版 23:1）

形态特征：翅展 55~56 mm。个体前翅图案变异较大。头部白色；触角基部白色，其余部分黑色。胸部白色，散布黑色点或条斑；领片白色，后缘黑色；肩板白色，前部具有黑色点斑，近后缘具有黑色横斑。腹部黄色，中央具有黑色和白色相间纵条，末端多黑色。前翅浑白色至白色；基线黑色，在基部分裂成 4~5 个黑斑；内横线黑色双线，大波浪形弯曲，内侧线多断裂，外侧线多连续，有些部分纤细；中横线黑色，多断裂，且在翅脉上呈条斑；外横线黑色双线，内侧线波浪形弯曲，Cu_1 脉之后多断裂，外侧线明显且多连续，在翅脉上多呈三角形锯齿，在前缘区斑最大；亚缘线黑色，前缘区呈内斜条斑，R_5 脉具有断裂，其后内向锯齿状；外横线黑白相间点斑列组成；饰毛黑白相间；环状纹黑色环形；肾状纹内侧呈前后开口的弯长卵形，外侧由外端断裂的不规则小块斑组成。后翅后半部黄色，其余部分烟黑色至淡黑色；新月纹烟黑色近似月牙形；外缘线区 Cu_1 脉后较淡；饰毛黑白相间。

分布：江西、黑龙江、吉林、辽宁、河南、陕西、湖北、湖南、福建、云南、台湾；朝鲜、韩国、日本、俄罗斯、尼泊尔、印度。

11.3 暗钝夜蛾 *Anacronicta caliginea* (Butler, 1881) （图版 23:2）

形态特征：翅展 42~47 mm。头部和触角棕褐色至棕色。胸部棕褐色，散布黑色；领片色略深。腹部灰褐色至棕褐色。前翅棕褐色至棕色；基线黑色短小；内横线黑色双线，波浪形弯曲内斜，双线间棕色较浓；中横线黑色至棕褐色，波浪形弯曲地内斜；外横线黑色双线，由前缘弧形内弯至 Cu_1 脉，再波浪形内斜至后缘，内侧线较模糊，外侧线锯齿状明显；亚缘线黑色，波浪形弯曲；外缘线由黑色点斑列组成，内侧伴衬模糊的小点列；环状纹黑框圆斑；肾状纹模糊圆形，内侧棕红色至火红色，外侧棕红色散布；外缘线区、外横线区、中横线区棕红色至棕色。后翅褐色至淡棕灰色；外缘区部分颜色较深；饰毛灰褐色。

分布：江西、黑龙江、吉林、辽宁、山西、山东、陕西、河南、浙江、湖北、湖南、四川、贵州、云南；朝鲜、韩国、日本、俄罗斯。

注：《中国动物志》（夜蛾科）等国内资料中多误将"钝夜蛾属 *Anacronicta* Warren, 1909"归入"剑纹夜蛾亚科"中，通过近年 Behounekd et al.（2012）、Speidel & Kononenko（1998）等的整理将其中 *A. caliginea*、*A. nitida*、*A. infausta* 依旧归入该属；*A. plumbea* 隶属"异后夜蛾属 *Tambana* Moore, 1882"；*A. obscura* 隶属"剑纹夜蛾属"。由于"钝夜蛾属"和"异后夜蛾属"一直以来隶属"毛夜蛾亚科"，因此对本种在国内资料上的归属予以更正。

11.4 新靛夜蛾 *Belciana staudingeri* (Leech, 1900)（图版 23:3）

形态特征：翅展 30~34 mm。头部棕灰色至淡棕色，散布黑色和白色；触角棕灰色。胸部白色；领片棕黄色至橘黄色，散布白色；肩板白色，近后缘具有一黑色横纹。腹部灰色至棕灰色。前翅多黑灰色，密布白色；基线黑色双线，双线间白色，在中室后缘外突明显，内侧线明显，外侧线后半部明显；内横线黑色波浪形双线，双线间白色，内侧线明显且连续，外侧线多断裂；中横线黑色波浪形弯曲，与内横线外侧线组成多个小环；外横线黑色波浪形双线，双线间白色，在 M_1 脉内折明显，其后外斜至 Cu_1 脉，再内斜至后缘，内侧线在前半部可见断裂，外侧线在后半部可见断裂；亚缘线黑色波浪形弯曲，中、后部可见，前缘区和 Cu_1 脉后外侧伴衬白色；外缘线黑色点斑列组成；外缘线区和亚缘线区 M_1 脉前区域黑灰色，后者在臀角区呈黑灰色块斑；外、中横线区和基部白色；内横线区中室后缘之前呈烟黑色至淡黑色斑，其余部分白色；环状纹黑色圆环形斑，内部白色；肾状纹呈黑色边框的柳叶形，内部白色。后翅灰褐色，由内至外渐深；外横线仅在褶脉区和 2A 脉上可见白色条斑；亚缘线仅在臀角可见白色条斑，外侧伴衬黑色。

分布：江西、黑龙江、吉林、辽宁、山西、浙江、湖南、西藏；朝鲜、韩国、俄罗斯。

注：《中国动物志》（夜蛾科）中将本种隶属的"靛夜蛾属 *Belciana* Hampson, 1894"归入"强喙夜蛾亚科 Ophiderinae"；很久以来该属一直隶属"剑纹夜蛾亚科"，通过 Kobes(1989)、Behounek et al. (2012)、Behounek et al.(2015) 的整理将该属归入"毛夜蛾亚科"，据此对其亚科的归属予以更正。根据新分类系统当前隶属夜蛾科 Noctuidae 封夜蛾亚科 Dyopsinae。

12 剑纹夜蛾亚科 Acronictinae

注：传统分类系统中的本亚科在当前新系统中隶属夜蛾科 Noctuidae，但是原包含的种

类有些移入其他亚科。

12.1 缤夜蛾 *Moma alpium* (Osbeck, 1778)（图版 23:4）

形态特征：翅展 33~38 mm。头部淡绿色至灰绿色，密布白色；触角褐色。胸部淡绿色至灰绿色，密布白色，中央具有一黑色方格，后胸具有白色块斑；领片灰绿色，后缘黑色；肩板绿色，近后缘具有黑色横条纹。腹部淡灰褐色至绿褐色，第 1~4 节背部着生渐小的黑色毛簇。前翅淡绿色至白绿色，散布黑色不规则斑和白色斑；基线黑色不明显，仅在翅脉处可见一黑色小斑块；内横线黑色双线，内侧线较粗大，中室内侧凹陷明显，外侧线多由 4~5 个黑色小点斑组成；中横线黑色，多连续，有些部分较淡；外横线黑色双线，内侧线断裂明显，外侧线较粗壮，无断裂；亚缘线呈不明显的黑色纤细线；外缘线由一列近三角形小黑斑组成，黑斑内侧浅绿色；外缘线区多灰白色，在 M_2 脉具一黑色块斑，臀角区具黑白相间的小圆斑；亚缘线区棕绿色至灰绿色较明显；内、中、外横线区多同底色；环状纹不明显，或呈一黑色小点斑；肾状纹明显，不规则圆形，内部为一近月牙形黑色斑，外侧伴衬白色。后翅褐色至黑褐色，由内向外渐深，外缘区部分颜色较深；外横线在臀角区可见一白色粗条纹；亚缘线仅在褶脉区可见白色条斑，内外侧伴衬黑色；新月纹黑色月牙形。

分布：江西、黑龙江、吉林、辽宁、山东、湖北、福建、四川、云南；朝鲜、韩国、日本、俄罗斯；外高加索地区、欧洲。

注：《中国动物志》（夜蛾科）等国内资料中将本种隶属的"缤夜蛾属 *Moma* Hübner, [1820]1816"归入"毛夜蛾亚科"，但是该属一直以来隶属"剑纹夜蛾亚科"，在此予以更正。

12.2 广缤夜蛾 *Moma tsushimana* Sugi, 1982（图版 23:5）

形态特征：翅展 33~35 mm。个体变异较大。头部灰白色，掺杂黑色；触角黑色至棕褐色。胸部灰白色至白色，中央具黑色倒杯形斑块，后胸白色；领片黄白色至棕灰色；肩板后缘具黑色粗横条纹。腹部黄白色至棕灰色，密布黑色，中央第 1~4 节具黑色至烟黑色毛簇。前翅白色至灰白色；基线多由黑色小点斑组成，有些个体模糊；内横线黑色双线，内侧线多连续，在 2A 脉内弯折明显，外侧线多断裂；中横线黑色，前缘区宽大，由前至后渐细，多连续；外横线黑色双线，双线间多白色，在前缘区略远离，自 M_1 脉开始相邻，内侧线多断裂，外侧线连续的波浪形，Cu_2 脉之后较平直；亚缘线纤细黑色波浪形弯曲，前缘区与外横线极相邻；外缘线由一列近三角形小黑斑所组成，黑斑内侧伴衬白色；外缘线区多灰白色，在 M_{1-3} 脉间具一黑色块斑，臀角区具黑白相间的大圆斑；亚缘线区棕绿色至灰绿色较明显；内、中、外横线区多同底色；环状纹不明显，或呈一黑色小点斑；肾状纹明显，内半部呈不规则肾形，外半部呈直立卵形，二者间伴衬白色。后翅黑褐色至灰黑色，由内至外渐深；新月纹黑色晕状斜条斑；外横线在臀角区可见白色，伴衬深黑色；亚缘线 M_1 脉后纤细可见，臀角区较粗且非常明显。

分布：江西、台湾；朝鲜、韩国、日本、俄罗斯。

注：亚科隶属同前种。

12.3 大斑蕊夜蛾 *Cymatophoropsis unca* (Houlber, 1921)（图版 23:6）

形态特征：翅展 30~34 mm。头部棕褐色；触角黑褐色。胸部棕黄色至棕褐色，后胸多白色；领片白色至棕黄色；肩板棕褐色，边缘棕黄色。腹部浅棕褐色至黄灰色。前翅黑褐色，翅面可见 3 个不完整大圆斑；基线不显；翅基半部可见一大型不完整椭圆形斑，边缘白色，中央黄褐色，密布红褐色波浪纹；中、外横线和亚缘线不显；翅顶角为一椭圆形黄褐色斑，内侧边缘白色；饰毛黄褐色；臀角为一近半圆形黄褐色斑，边缘白色带；环状纹不明显，或白色小圆斑；肾状纹略可见，隐约可见一暗色肾形斑。后翅棕褐色，由内至外渐深；外缘区部分颜色较深；饰毛黄灰色；中横线深棕褐色；新月纹深褐色点斑。

分布：江西、黑龙江、吉林、辽宁、山东、浙江、湖北、四川、云南、西藏；朝鲜、韩国、日本、俄罗斯。

注：《中国动物志》(夜蛾科)等国内资料中误将本种隶属的"斑蕊夜蛾属 *Cymatophoropsis* Hampson, 1894"归入"强喙夜蛾亚科 Ophiderinae"，但是该属一直以来隶属"剑纹夜蛾亚科 Acronictinae"，在此予以更正。

12.4 斋夜蛾 *Gerbathodes angusta* (Butler, 1879)（图版 23:7）

形态特征：翅展 30~32 mm。头部棕褐色至橘褐色；触角黑色。胸部橘褐色，密布黑色至黑褐色，中央具有倒弹头形纹，后胸密布橘褐色至橘灰色；领片黑色；肩板前半部黑色多，后半部黑色淡。腹部橘褐色至棕褐色。前翅黑褐色，散布棕色；基线黑色短小；内横线黑色，在褶脉区具有一外突尖角明显，其余部分小波浪形弯曲；中横线烟黑色晕状，前缘和后缘略清晰；外横线黑色，由前缘略内斜至中室前缘后外伸明显，再波浪形内斜至 Cu_1 脉后强烈内向弧形弯曲至后缘；亚缘线黑色波浪形弯曲内斜，M_2 脉内凹明显；外缘线由黑色点斑列组成；环状纹具纤细黑框的圆斑，内部呈一黑点斑，其余部分橘黄色至棕灰色；肾状纹橘黄色至棕灰色扁圆形，中央具有一黑色短条线。后翅灰褐色至褐色，前缘区色淡；新月纹深褐色小条斑；各横线不显。

分布：江西、黑龙江、吉林、辽宁；朝鲜、韩国、日本、俄罗斯。

12.5 光剑纹夜蛾 *Acronicta adaucta* (Warren, 1909)（图版 23:8）

形态特征：翅展 30~34 mm。头部灰色，散布黑色；触角褐色。胸部褐灰色至棕灰色，后胸灰白色；领片黑色，后缘多橘黄色；肩板黑色，散布棕灰色。腹部多灰白色，有些灰褐色。前翅灰白色，散布褐色和烟黑色；基线仅在翅基部可见一黑色短波状纹；内横线黑色明显，略波浪状弧形弯曲；中横线不明显，仅在前缘区可见一黑色晕状短带；外横线黑色波浪形双线，双线间白色，前缘至 Cu₁ 脉外向弧形弯曲，其后弯曲内斜，2A 脉弯折较强；亚缘线灰白色，多淡晕状，非常模糊；外缘线由一列翅脉间的黑色小条斑组成；环状纹为一灰色圆斑，边框黑色；肾状纹为一灰白色舌形，边框黑色，中央具弧形烟黑色条线；基条斑黑色近达内横线，多二分叉；臀角剑状纹黑色，内侧部分柳叶形，靠近后缘，外侧部分条形，远离后缘；后缘区色略深。后翅浅灰白色至淡灰褐色；新月纹隐约可见褐色点斑；外缘区部分色较深；外横线褐色弧形条线。

分布：江西、黑龙江、吉林、辽宁、北京、山东；朝鲜、韩国、日本、俄罗斯。

12.6 霜剑纹夜蛾 *Acronicta pruinosa* (Guenée, 1852)（图版 24:1）

形态特征：翅展 42~44 mm。头部多棕灰色；触角棕褐色。胸部灰白色，中央两侧具有棕褐色条线；领片灰褐色，后缘棕褐色；肩板灰白色。腹部土灰色至棕灰色，有些深灰色。前翅亮灰色至灰色，散布淡棕色和灰白色；基线黑色至黑褐色双线，内侧线较模糊；内横线黑色至黑褐色波浪形外斜双线，均显断裂；中横线黑色至黑褐色双线，中室后缘前可见点列；外横线黑色至黑褐色波浪形双线，双线间灰白色，在前缘区外伸明显，内侧线较模糊，外侧线略短锯齿形；亚缘线灰白色，模糊；外缘线翅脉间黑色至黑褐色点列组成；环状纹灰白色圆斑，黑色至黑褐色外框部分可见；肾状纹略长方形，散布棕色，内侧可见白色点斑，黑色至黑褐色外框部分可见；中室后缘中部至外缘散布灰白色；臀角剑状纹仅在 Cu₁ 脉呈较暗棕色的条斑。后翅灰色；外横线略见较深弧形条斑；新月纹较底色略暗，晕状。

分布：江西、黑龙江、吉林、辽宁、江苏、湖北、西藏、台湾；朝鲜、韩国、日本、越南、缅甸、菲律宾、马来西亚、印度尼西亚、斯里兰卡、孟加拉国、印度、尼泊尔。

注：江西省新记录种。

12.7 缀白剑纹夜蛾 *Narcotica niveosparsa* (Matsumura, 1926)（图版 24:2）

形态特征：翅展 28~31 mm。个体变异较大。头部灰白色；触角棕褐色。胸部棕褐色，散布黑色，中、后胸中央灰白色；领片和肩板黑褐色，散布灰白色。腹部多灰褐色，第 1~3 节具渐短的毛簇。前翅烟黑色至灰黑色，散布棕色；基线波浪形黑色双线，双线间白色至灰白色；内横线黑色波浪形略外斜双线，双线间前缘区多白色至灰白色；中横线黑色双线，较模糊；外横线黑色波浪形弧状双线，中室端外侧外突明显；亚缘线白色至灰白色，波浪形曲线；外缘线纤细黑线；环状纹圆形，外框不连续黑色，内侧伴衬白色至灰白色，中央棕褐色；肾状纹不规则圆形，外框不连续黑色，中央色略淡，或同底色；外缘线区白色至灰白色，顶角、M_{1-2}、M_{2-3}、臀角可见同底色的斑块；内横线区色淡，中室后缘之前白色至灰白色明显；饰毛淡黑褐色，与淡棕灰色至黄灰色相间。后翅棕灰色至灰色，由内至外渐深；新月纹不显；外横线略比底色深，波浪形弯曲，较模糊。

分布：江西、黑龙江、吉林、辽宁、江苏；朝鲜、韩国、日本。

注：江西省新记录种。

12.8 峨眉仿剑纹夜蛾 *Peudacronicta omishanensis* (Draeseke, 1928)（图版 24:3）

形态特征：翅展 28~31 mm。头部灰色，散布白色；触角灰褐色。胸部灰色，中央两侧具有黑色纵纹，在后胸相连；领片棕色；肩板散布淡棕色和白色。腹部灰色，第 1~2 节色较淡。前翅灰白色，散布棕灰色至青灰色；基线黑色短线；内横线黑色双线，双线间白色，中室前较模糊，外侧线略显，中室后明显，在 2A 脉前外伸角明显；中横线黑褐色，中室前明显，略外斜，其后不明显；外横线黑色小波浪形弯曲双线，双线间白色，外侧线明显，内侧线极淡；亚缘线白色，较模糊，边界不明显；外缘线灰白色；饰毛淡棕色和灰黄色相间；环状纹中央青灰色圆斑，外侧伴衬白色粗环，外框黑色；肾状纹略扁圆形，外框黑色，中央大部青灰色，二者间白色较薄；楔状纹可见圆柱形，内部灰白色明显，后侧外框黑色明显；Cu_2 脉在中、外横线区可见黑色纵条线。后翅灰褐色至褐色，由内至外渐深；新月纹多不显；中横线前半部可见斜线或不显；外缘区色深。

分布：江西、四川。

注：江西省新记录种。

12.9 梦夜蛾 *Subleuconycta palshkovi* (Filipjev, 1937)（图版 24:4）

形态特征：翅展 32~34 mm。头部白色；触角黑褐色。胸部棕色，散布黑色和白色，中央两侧可见黑色圆环；领片前半部黑色，后半部棕色；肩板棕色，散布白色。腹部棕褐色，第 1~2 节白色明显。前翅棕色至棕灰色；基线黑色，多在中室前可见；内横线在中室前黑色，小波浪形弯曲，其后烟黑色至淡黑色大波浪形略外斜；中横线黑色，仅在中室后缘前可见，两侧伴衬烟黑色，似一外斜条斑，其后略可见纤细烟黑色细线；外横线黑色，外侧伴衬部分白色，波浪形弯曲，中部外突尖角略明显；亚缘线黑色，外侧伴衬白色明显，与外横线近似平行；外缘线灰白色，内侧翅脉间伴衬黑色小倒三角形斑列；饰毛多同外缘线区，散布烟黑色；环状纹白色大圆斑，中央多棕灰色；肾状纹白色略半圆形，中央棕灰色至棕色；基部前缘区散布黑色明显，其后散布烟黑色；由内横线至外缘色渐深。后翅较前翅色淡，散布烟色，后半部色淡；新月纹呈烟色至烟黑色晕状块斑；翅脉可见；饰毛多白色。

分布：江西、黑龙江、河北、江苏、浙江、湖南、云南、台湾；朝鲜、韩国、日本、俄罗斯。

12.10 瓯首夜蛾 *Cranionycta oda* deLattin, 1949（图版 24:5）

形态特征：翅展 38~40 mm。头部黄灰色至土黄色；触角黑褐色。胸部灰黄色，密布黑色；领片后缘黑色；肩板散布黑色。腹部黄灰色至棕灰色。前翅黄灰色，散布灰白色和黑色；基线黑色双线，边界不明显；内横线烟黑色双线，双线间同底色，波浪形弯曲，内侧线前缘黑色明显；中横线黑色双线，边界不明显，外侧散布黑色，双线间多充满黑色，呈外斜条带状；外横线黑色双线，双线间同底色，前缘黑色较粗，其后纵向外伸明显，再以波浪形略外伸至 Cu_1 脉后波浪形内凹至后缘；亚缘线呈极淡烟黑色小波浪形弯曲，双线间较底色略淡；外缘线黑色；饰毛黄灰色至烟黑色相间；环状纹卵圆形，外框在内、外侧略可见黑色；肾状纹腰果形，具黑色外框；内横线区 2A 脉前黑色，其后同底色；中横线区呈较底色淡的宽带；外横线区、亚缘线区和外缘线区同底色，亚缘线区前缘具黑色块斑，外缘线区 M_{1-2} 和近臀角呈黑色小块斑；臀角剑状纹呈黑色。后翅褐黄色，由内至外渐深；外横线隐约可见；饰毛多黄色，掺杂烟黑色；新月纹可见雾状小点斑。

分布：江西、黑龙江、吉林、台湾；朝鲜、韩国、日本、俄罗斯、泰国、尼泊尔。

13 苔藓夜蛾亚科 Bryophilinae

注：传统分类系统中的本亚科在当前新系统中隶属夜蛾科 Noctuidae。

13.1 兰纹夜蛾 *Stenoloba jankowskii* (Oberthür, 1884)（图版 24:6）

形态特征：翅展 34~35 mm。头部褐色；触角灰褐色。胸部棕褐色，散布白色，后胸后缘色略深。腹部淡棕褐色，节间色淡。前翅棕褐色，散布金色和白色；基线仅在前缘呈一烟黑色小点斑，中室间略见青灰色；内横线双线，在前缘区略显黑色，其后至中室后缘前黑色明显，双线间灰色至灰白色，其后模糊，有些个体模糊不显；中横线褐色双线，仅在中室后可见灰色 ">" 形斑，较模糊；外横线白色波浪形曲线，R_5 脉之后波浪形略内斜，内侧伴衬暗褐色；亚缘线白色，在 M_2 脉之后较模糊，仅在 2A 脉前可见一白色小点斑；外缘线淡棕褐色，内侧伴衬白色至灰白色；饰毛较底色淡；环状纹不显；肾状纹条线，前半部棕黄色，后半部黑褐色，外侧伴衬白色；亚缘线至基部，中室后缘前区域黑褐色至黑色；基部前半部中室后缘区至顶角区域亮白色明显，且向后渐淡。后翅棕褐色，由内向外渐深；外横线暗棕褐色；外缘区深棕褐色；饰毛亮黄灰色。

分布：江西、黑龙江、浙江、云南；朝鲜、韩国、日本。

13.2 交兰纹夜蛾 *Stenoloba confusa* (Leech, 1889)（图版 24:7）

形态特征：翅展 36~38 mm。头部白色，散布黑褐色；触角黑褐色。胸部白色，散布黑色，前胸密布棕黑色，中央两侧具黑色纵条纹；领片灰白色；肩板白色较浓。分布黄白色，中央具有黑色小毛簇。前翅黑色至青灰色；基线黑色双线，双线间乳白色，掺杂淡黄色；内横线黑色双线，双线间乳白色，由前缘外向弧形外斜至中室后缘，并沿中室后缘外伸至近中横线处后内折至后缘；中横线黑色双线，双线间乳白色，由前缘略弧形内斜至中室后缘，再外伸后内折至后缘；外横线黑色双线，双线间乳白色，前、后缘区略粗，由前缘略波浪形外斜至 M_3 脉，在 M_3 和 Cu_1 脉上外突尖角后内斜至 Cu_2 脉基部后侧，再外斜至后缘；亚缘线黑色波浪形弯曲；外缘线黑色；饰毛较底色淡；环状纹多不显；肾状纹大圆斑，中央具有黑色双弧线瞳斑，与中室前、后缘白条线和中、外横线交织成蛛网状；臀角乳白色块斑可见。后翅白色至乳白色，前、外缘区棕褐色明显。

分布：江西、浙江、湖南、福建、广西、四川、云南；日本。

13.3 海兰纹夜蛾 *Stenoloba marina* Draudt, 1950（图版 24:8）

形态特征：翅展 28~29 mm。头部黄白色至淡黄白色；触角灰色。胸部青褐色至棕色，具有一黑色圆环，后胸处红色较浓；领片后缘黑色可见；肩板黄灰色可见。腹部灰色。前翅淡青灰色至烟灰色；基线双线，内侧线黑色，外侧线烟灰色，双线间乳白色，掺杂淡黄色；内横线烟灰色波浪形双线，略外斜，双线间较底色淡；中横线烟灰色双线，外侧线明显，内侧线仅前缘区可见块状斑，其余部分不明显；外横线烟黑色双线，双线间淡灰色至灰白色，前缘区略外斜，其后略弯曲至后缘；亚缘线烟黑色，内侧线明显，外侧线模糊，双线间近同底色；外缘线淡灰色，内侧伴衬烟黑色点列；环状纹呈一黑色小点斑；肾状纹乳白色大圆斑，散布淡黄色，中央具有黑色小圆斑。后翅灰色；新月纹晕状点斑；外缘线灰白色至淡灰色；饰毛同底色。

分布：江西、浙江、湖南、广东、广西。

13.4 白条兰纹夜蛾 *Stenoloba albingulata* (Mell, 1943)（图版 25:1）

形态特征：翅展 24~25 mm。头部灰白色；触角棕灰色。胸部白色；领片和肩板米黄色至淡黄色。腹部黄白色，节间黄色明显。前翅短圆，底色褐色至淡黑色；外横线乳白色，肾状纹外侧略外突；亚缘线仅在前、后缘略见灰白色，其余部分多模糊；外缘线黑色，较模糊；肾状纹扁圆形，中央褐色较明显；外横线区乳白色内斜条斑，后半部内斜至基部，整体呈弯钩状。后翅棕褐色，由内至外色渐深；新月纹晕状模糊斑。

分布：江西、浙江、广东；越南。

注：江西省新记录种。

13.5 曼莉兰纹夜蛾 *Stenoloba manleyi* (Leech, 1889)（图版 25:2）

形态特征：翅展 28~30 mm。个体颜色变异较大。头部棕灰色；触角棕灰色。胸部棕灰色，胸后缘黑色明显；领片和肩板色略深。腹部棕褐色至灰褐色。前翅青灰色至棕灰色；基线黑色，略显；内横线烟色至烟黑色波浪形双线，双线间灰色，较模糊；中横线烟色至烟黑色波浪形双线，双线间棕灰色，前缘区较明显，其余部分较模糊；外横线烟褐色至褐色波浪形双线，双线间较底色略淡，中部弧形外突；亚缘线棕褐色，较模糊；外缘线棕褐色；饰毛同底色；环状纹烟黑色，模糊晕斑；肾状纹略椭圆形，中部略收缩。后翅棕褐色，由内至外渐深；新月纹和横线不明显。

分布：江西、上海、浙江；日本。

注：江西省新记录种。

13.6 绿领兰纹夜蛾 *Stenoloba viridicollar* Pekarsky, 2011（图版 25:3）

形态特征：翅展 22~24 mm。个体颜色变异较大。头部黄灰色；触角灰色。胸部中央灰白色，具有棕黑色和棕红色环；领片棕绿色至黄绿色；肩板灰色。前翅短圆，灰褐色，散布深褐色和黑色；基线深褐色至黑褐色短双线；内横线深褐色双线波浪形弯曲，较模糊；中横线烟褐色双线，多仅在前缘区较明显，双线间同底色；外横线烟褐色双线，双线间白色至灰白色，由前缘波浪形弧状外斜至 M_3 脉，其后略显断裂，在 Cu_2 脉内向弧形弯曲至后缘；亚缘线呈模糊的灰白色纤细的线；环状纹极模糊；肾状纹较模糊，略呈僧帽状；基部黄绿色至棕绿色；外横线至基部间的后缘区具有黄绿色至棕绿色宽条带。后翅褐色至棕褐色，色泽较均一。

分布：江西、四川。

注：江西省新记录种。

13.7 内斑兰纹夜蛾 *Stenoloba basiviridis* Draudt, 1950（图版 25:4）

形态特征：翅展 32~33 mm。头部赭灰色至黄灰色；触角棕褐色。胸部中央前半部黑褐色，后半部灰白色至乳白色；领片赭灰色至黄灰色；肩板灰白色至乳白色，具有一黑色斜条纹。腹部棕褐色。前翅黑褐色，散布棕色；基线黑色；内横线黑色双线，双线间同底色，内侧线较明显，外侧线较模糊；中横线黑色双线，在前缘区较明显，其余部分多模糊；外横线黑色双线，由前缘长外斜至 R_4 脉，再外向弧形弯曲至 Cu_1 脉，其后内斜至 2A 脉，再平伸至后缘；亚缘线黑色波浪形弯曲，翅脉上外突角可见，R_5 脉前外侧伴衬白色，较明显；外缘线黑色；饰毛基半部烟黑色至黑色明显，呈条带状；环状纹不显；肾状纹模糊扁圆形，黑色，外侧伴衬白色条；内横线区乳白色至白色，密布黄绿色。后翅棕褐色，由内至外渐深；新月纹烟黑色晕状斑。

分布：江西、浙江。

注：江西省新记录种。

13.8 灰兰纹夜蛾 *Stenoloba oculata* Draudt, 1950（图版 25:5）

形态特征：翅展 22~24 mm。头部黄灰色；触角棕灰色。胸部灰色；领片黄灰色；肩板灰色。腹部灰色。前翅短圆，底色黑色至烟黑色，散布白色；基线黑色；内横线黑色双线，双线间较底色淡；中横线黑色，较模糊；外横线烟黑色双线，弧形弯曲，双线间较宽，且较底色淡，在 Cu_2 脉后呈乳白色至白色，散布黄绿色；亚缘线黑色纤细，较模糊，在 R_5 脉前的外侧伴衬淡灰色至顶角；环状纹模糊；肾状纹黑色圆形斑；内横线区呈黄绿色窄条带。后翅棕褐色，基半部略色淡；新月纹烟黑色晕斑，较模糊。

分布：江西、江苏、浙江、湖南；朝鲜、韩国、日本。

13.9 小藓夜蛾 *Cryphia minutissima* (Draudt, 1950)（图版 25:6）

形态特征：翅展 21~22 mm。头部灰色；触角淡棕灰色。胸部灰色；领片和肩板棕灰色。腹部棕灰色。前翅灰色，散布棕色；基线黑色，中室前可见；内横线黑色，由前缘外斜至 2A 脉后部，再弯折内斜至后缘，内侧伴衬灰白色至青白色；中横线黑色，多在中室后缘前可见；外横线纤细黑色线，由前缘略外斜至 Sc 脉后外向大弧形弯曲至 2A 脉，再略外斜至后缘；亚缘线黑色波浪形弯曲明显；外缘线烟黑色；饰毛烟黑色和灰色相间；基纵线黑色，由基部伸达外横线，并在内横线内侧有断裂；臀角剑状纹黑色短小；环状纹外斜长圆形，外框黑色；肾状纹较模糊。后翅淡棕褐色，由内至外渐深；新月纹晕状小点斑。

分布：江西、浙江、湖南；朝鲜、韩国、日本。

注：江西省新记录种。

14 虎蛾亚科 Agaristinae

注：传统分类系统中的本亚科在当前新系统中隶属夜蛾科 Noctuidae。

14.1 选彩虎蛾 *Episteme lectrix* (Linnaeus, 1764)（图版 25:7）

形态特征：翅展 77~78 mm。头部黑色，下唇须基部白色；触角黑色。胸部黑色，前胸中央具有 2 块黄白色点斑；领片和肩板黄白色至淡黄色。腹部黑褐色，节间淡黄色明显。前翅黑色，散布淡蓝色；基线深黑色，较模糊；内横线黄白色至淡黄色，仅在中室内和中室前缘前可见 2 块斑；中横线黄白色至淡黄色，中室前缘前呈一窄条斑，中室和 Cu_2 脉与 2A 脉间各呈一大块斑，Cu_{1-2} 基部呈一小楔形斑；外横线黄白色至淡黄色，在 Sc 脉和 Cu_2 脉间的翅脉间呈大小不一的条、块斑；亚缘线白色，R_4 至 2A 脉间的翅脉间呈大小不一的圆斑；翅脉色较底色淡；内横线区淡蓝色较明显。后翅黑色；中横线区橘黄色，中部外向延伸至外横线；新月纹黑色不规则块斑；外横线橘黄色，仅在 M_3 脉和后缘间的翅脉间可见大小不一的块斑；亚缘线白色，在翅脉间可见大小不一的点、块斑。

分布：江西、湖北、浙江、四川、贵州、云南、台湾。

14.2 葡萄修虎蛾 *Sarbanissa subflava* (Moore, 1877)（图版 25:8）

形态特征：翅展 47~52 mm。头部橘褐色；触角棕色。胸部、领片和肩板黑褐色，散布橘色。腹部橘黄色，中央具黑色条带。前翅外缘及后缘暗赭棕色，散布淡紫色，其他部分散布橘黄色；基线不明显；内横线橘黄色双线，由前缘外向弧形弯曲；中横线不明显；外横线橘黄色双线，由前缘略内向弧形弯曲至 M_3 脉，再内向弯折至后缘，外侧线褶脉后不明显；亚缘线 M_2 脉前淡紫色至淡灰色，之后橘黄色细线；外缘线橘黄色细线；饰毛棕褐色；环状纹明显，为一棕褐色至黑褐色小椭圆形斑；肾状纹外框橘黄色明显，为一大圆斑；翅脉橘黄色。后翅基大半部橘黄色；新月纹黑色圆斑；外缘区黑色，散布淡红色；臀角具橘黄色不规则斑；亚缘线橘黄色，Cu_1 脉之后明显，之前模糊；饰毛黑褐色。

分布：江西、黑龙江、辽宁、河北、山东、湖北、浙江、贵州；朝鲜、韩国、日本、俄罗斯。

14.3 白云修虎蛾 *Sarbanissa transiens* (Walker, 1856)（图版 26:1）

形态特征：翅展 41~42 mm。头部前半部棕褐色，后半部灰色；触角棕色。胸部、领片和肩板棕色，散布黑色。腹部黄色，各节背侧具一黑色小毛簇。前翅棕褐色，散布棕红色；基线黑色；内横线橘黄色纤细双线，外向弧形弯曲，内侧线较模糊；中横线模糊；外横线双线，M_3 脉前内向弧形弯曲，之后弧形内斜至后缘，内侧线仅 Cu_2 脉之后可见橘黄色，之前灰色，外侧线较模糊，后缘近臀角区伴衬棕红色圆斑；亚缘线烟黑色，模糊，多顶角区内侧伴衬青白色；环状纹烟黑色圆斑，外侧伴衬橘黄色；肾状纹扁圆形；外横线区 Cu_2 脉前淡灰色明显；中室内淡灰色明显；顶角棕黑色明显，略呈眼斑状。后翅基部大半部明黄色；外缘区黑色；新月纹缺失。

分布：江西、湖南、云南；泰国、越南、缅甸、马来西亚、印度尼西亚、印度。

14.4 艳修虎蛾 *Sarbanissa venusta* (Leech, 1888)（图版 26:2）

形态特征：翅展 36~42 mm。头部褐色；触角黑褐色。胸部黑褐色带灰白色，领片黑褐色。腹部黄色。前翅外缘及后缘棕色，其他部分白色；基线不明显；内横线明显，由前缘先斜向后折再呈圆弧形延伸至后缘；中横线不明显；外横线明显，由前缘略斜向外延伸后强烈内曲，于 Cu_1 脉处形成一突起；亚缘线隐约可见，为一列淡紫色近三角形斑；外缘线由一列翅脉间的长条形深色斑组成；饰毛褐色带白色；环状纹明显，为一棕色椭圆形斑；肾状纹棕色明显，为一大的近肾形斑。后翅底色黄色；新月纹黑色明显近圆形；顶角部分黑色，臀角具一黑色近椭圆形斑；饰毛黑褐色带黄色。

分布：江西、黑龙江、吉林、山东、北京、河北、河南、安徽、江苏、上海、浙江、湖北、四川、云南；朝鲜、韩国、日本、俄罗斯。

14.5 豪虎蛾 *Scrobigera amatrix* (Westwood, 1848)（图版 26:3）

形态特征：翅展 66~75 mm。头部黑褐色，复眼后具有白色；触角棕黑色。胸部、领片和肩板黑色。腹部黑色，1~6 节间可见橘黄色。前翅黑色；基线不显；内横线白色，2A 脉前可见纤细双线，双线间同底色；中横线白色，在中室和中室前可见大小不一的条、块斑；外横线在 R_4 和 2A 脉间的翅脉间可见大小不一的条、块斑；其他横线不显。后翅基部和外缘区黑色，其余部分呈黄色宽条；新月纹呈黑色块斑，内侧具有一小延伸线条。

分布：江西、浙江、湖北、福建、四川；泰国、越南、尼泊尔、印度。

15 拟灯夜蛾亚科 Aganainae

注：在近代传统分类系统中本亚科多隶属于夜蛾科 Noctuidae，我国将其多归入"灯蛾科 Arctiidae"中，根据新分类系统当前隶属目夜蛾科 Erebidae。

15.1 一点拟灯夜蛾 *Asota caricae* (Fabricius, 1775)（图版 26:4）

形态特征：翅展 46~72 mm。头部橘黄色；触角黑色。胸部、领片和肩板橘黄色至橘色，后者前半部具有一黑色点斑。前翅灰褐色，散布黑色；基线黑色双线，内侧线由 2 个黑色点斑组成，外侧线由 4 个黑色点斑组成，双线间橘黄色；内、中横线多不显；外横线纤细灰白色，波浪形弯曲内斜；亚缘线纤细灰白色，与外横线略平行；环状纹呈青褐色晕斑；肾状纹黄白色至淡黄色小半圆形；翅脉淡黄色至黄白色可见。后翅橘黄色；新月纹黑色块斑；外横线黑色，仅在中室端、褶脉和 2A 脉后可见渐小块斑；亚缘线黑色，在翅脉间可见大小不一的块斑。

分布：江西、广东、海南、广西、四川、云南、台湾；印度、尼泊尔、斯里兰卡、菲律宾、澳大利亚、印度尼西亚。

15.2 榕拟灯夜蛾 *Asota ficus* (Fabricius, 1775)（图版 26:5）

形态特征：翅展 48~64 mm。头部橘红色；触角黑色。胸部、领片和肩板橘红色，后者前半部具有一黑色小点斑。腹部淡橘红色，第 4~7 节背侧具有一黑色小点斑。前翅橘灰色至淡橘色；基线黑色双线，内侧线前半部由 3 个点斑组成，外侧线由前缘 1 个点斑、中室后 ">" 形斑和后缘 1 个点斑组成；内横线黑色双线，仅在前缘区可见，内侧线内侧伴衬黄白色，外侧线外侧伴衬黄白色；中、外横线不显；亚缘线在有些个体上略显灰白色纤细曲线；环状纹黄白色至淡黄色圆斑；肾状纹灰褐色晕斑；翅脉淡黄色至黄白色可见；基部多橘红色；中室基部至环状纹间橘红色明显；2A 脉和中室后缘间基部黄白色至淡黄色明显。后翅橘黄色；新月纹黑色圆斑；亚缘线在 Rs 和 2A 脉间可见大小不一的黑色斑块。

分布：福建、广东、海南、广西、四川、云南、台湾；斯里兰卡、泰国、印度、尼泊尔。

注：《中国动物志》（灯蛾科）中将此种归入"拟灯夜蛾属 *Asota* Hübner, [1819]1816"的同物异名"榕灯蛾属 *Lacides* Walker, 1854"，在此予以更正。

15.3 圆端拟灯夜蛾 *Asota heliconia* (Linnaeus, 1758)（图版 26:6）

形态特征：翅展 48~62 mm。头部橘红色；触角黑色。胸部、领片和肩板橘红色，后者前半部具有一黑色小点斑。腹部淡橘红色，背侧具有一黑色小点斑。前翅黑灰色至烟黑色；基线黑色双线，内侧线由 3 个点斑组成，外侧线由 5 个点斑组成；其余横线不显；环状纹和肾状纹不显；翅脉大半部白色可见，基部橘红色明显，后缘伴衬白色，呈一内窄外宽条斑。后翅大半部白色，外缘区黑色宽带；新月纹黑色圆斑。

分布：上海、广东、广西、海南、香港、台湾；日本、缅甸、菲律宾、印度尼西亚、印度。

15.4 方斑拟灯夜蛾 *Asota plaginota* (Butler, 1875)（图版 26:7）

形态特征：翅展 56~76 mm。头部橘黄色；触角黑色。胸部、领片和肩板橘红色，后者前半部具有一黑色点斑。前翅灰褐色，散布黑色；基线黑色双线，内侧线由 2 个黑色点斑组成，外侧线由 4 个黑色点斑组成，双线间橘黄色；其他横线不显；环状纹呈晕状点斑；肾状纹黄白色至淡黄色似长方形斑；翅脉淡黄色至黄白色可见。后翅橘黄色；新月纹黑色块斑；外横线黑色，仅在中室端、褶脉可见 2 个块斑；亚缘线黑色在 Rs－M_1 和 Cu_{1－2} 脉间可见 2 个小块斑。

分布：江西、湖南、广东、广西、海南、四川、云南、西藏；斯里兰卡、马来西亚、印度、不丹、尼泊尔。

16 杂夜蛾亚科 Amphipyrinae

注：传统分类系统中的本亚科在当前新系统中隶属夜蛾科 Noctuidae，但是原包含的大部分种类有些移入其他亚科。

16.1 毁秀夜蛾 *Apamea aquila* Donzel, 1837（图版 26:8，27:1）

形态特征：翅展 41~45 mm。头部褐色；触角棕褐色。胸部赭红色，领片赭红色。腹部灰色带淡赭色。前翅底色赭红色；基线黑色略明显，在翅前缘可见一波浪形深赭色小短带；内横线赭色双线，呈强波状由前缘斜向后延伸至后缘；中横线不明显，仅在翅前缘部分见一赭色细线；外横线黑色明显呈强波浪状，由前缘斜向外呈圆弧形弯曲延伸至后缘；亚缘线隐约可见；外缘线由一列翅脉间的深赭色小点组成；饰毛赭色；环状纹不明显；肾状纹明显，为一近肾形斑。后翅底色赭灰色；新月纹明显；外缘区部分颜色略深；饰毛赭褐色。

分布：江西、黑龙江、吉林、辽宁、山东、湖北；朝鲜、韩国、日本、俄罗斯、蒙古；外高加索地区、欧洲。

注：根据新分类系统当前隶属夜蛾亚科 Noctuinae 秀夜蛾族 Apameini。

16.2 宏秀夜蛾 *Apamea magnirena* (Boursin, 1943)（图版 27:2）

形态特征：翅展 51~53 mm。头部和触角棕褐色。胸部暗棕褐色，散布焦红色；领片和肩板焦红色。腹部灰褐色。前翅烟黑色至黑褐色；基线黑色双线，外向弧形弯曲，双线间棕灰色；内横线黑色双线波浪形弯曲，双线间棕灰色；中横线黑色双线，内侧线仅在前缘和后缘区可见，外侧线较明显；外横线黑色双线，双线间灰色，由前缘略内斜，沿 Sc 脉外伸后再波浪形外向弧形弯曲至 M_3 脉，再内斜至后缘，外侧线在 M_3 脉后较淡；亚缘线灰色细线波浪形弯曲，前缘区外侧伴衬灰色大斑至顶角；环状纹外斜扁圆形斑；肾状纹近椭圆形，中央淡灰色；外横线前半部内侧和后半部外侧灰色较浓；亚缘线区、外横线至基部色深；外缘线灰色，内侧伴衬黑色。后翅暗棕褐色，由内至外渐深；新月纹晕状点斑；翅脉略显。

分布：江西、浙江；印度。

注：根据新分类系统当前隶属夜蛾亚科 Noctuinae 秀夜蛾族 Apameini。

16.3 竹笋禾夜蛾 Bambusiphila vulgaris (Butler, 1886)（图版 27:3）

形态特征：翅展 38~43 mm。雌雄个体大小和色泽变异较大。头部和触角棕灰色。胸部暗棕灰色至灰色；领片和肩板深棕色至褐色。腹部棕褐色至棕灰色。前翅棕褐色至灰色，有些个体散布烟黑色至烟灰色；基线多呈褐色短双线，外向弧形弯曲；内横线黑褐色至褐色双线，有些个体前半部较模糊，内侧线较模糊，外侧线较明显，小波浪形；中横线多烟黑色晕状，外向弧形弯曲；外横线双线，前缘区褐色至黑褐色，较明显，其后内侧线纤细黑褐色明显，外侧线多模糊；亚缘线较底色略淡，呈亮灰色，M_2 脉和 Cu_2 脉之后凹陷明显；基线内、外两侧伴衬深褐色至黑色近梯形块斑；亚缘线区在 M_2 脉前呈深褐色至黑色梯形斑；有些个体 M_2 脉在亚缘线区具有黑色，呈纵条纹；顶角区色较淡；环状纹同底色或淡灰褐色小圆斑；肾状纹外斜扁圆形，外侧框多伴衬白色；外缘线黑色。后翅棕褐色至灰褐色，由内至外渐深；外缘线黑色；新月纹多不显。

分布：江西、江苏、浙江、湖北、湖南、福建、云南；朝鲜、韩国、日本。

注：《中国动物志》（夜蛾科）中将本种归入"禾夜蛾属 Oligia Hübner, [1821]1816"，Sugi(1958)根据"Polydesma vulgaris Butler, 1886"建立新属"Bambusiphila"，在此根据模式种给出该属中文学名"竹笋禾夜蛾属"。根据新分类系统当前隶属夜蛾亚科 Noctuinae 秀夜蛾族 Apameini。

16.4 中纹竹笋禾夜蛾 Bambusiphila mediofasciata (Draudt, 1950)（图版 27:4）

形态特征：翅展 39~42 mm。个体色泽变异略大。头部棕灰色；触角棕色。胸部和肩板棕褐色，散布灰色；领片棕灰色，后缘黑褐色。腹部棕色，散布暗金色。前翅基半部黑褐色至烟黑色散布棕红色，外半部棕灰色散布灰白色和棕红色；基线黑色双线，在 Sc 脉弯折成角；内横线波浪形双线，内侧线烟黑色至橘红色，外侧线黑色且明显，双线间色淡；中横线黑色波浪形弯曲双线，双线间暗橘红色散布黑色；外横线烟褐色至烟黑色较模糊的双线，在中室端部外侧外突明显；亚缘线灰白色波浪形内斜；外缘线灰白色，内侧伴衬黑色；环状纹橘红色小卵圆形，外框黑色；肾状纹长方形，外框黑色明显，内半部灰白色，外半部烟黑色和棕红色散布；基部和内、中横线区 2A 脉前棕红色明显；外横线区灰白色明显；亚缘线区和外缘线区棕红色明显。后翅灰褐色，由内至外渐深；新月纹烟黑色晕斑；外横线在 M_3 至 Cu_2 脉上可见晕状烟黑色 3 个小斑块；外缘线灰白色，内侧伴衬黑色。

分布：江西、浙江。

注：根据新分类系统当前隶属夜蛾亚科 Noctuinae 秀夜蛾族 Apameini。

16.5 斗斑禾夜蛾 *Litoligia fodinae* (Oberthür, 1880)（图版 27:5）

形态特征：翅展 22~24 mm。个体色泽变异略大。头部棕褐色至烟褐色；触角棕褐色。胸部、领片和肩板棕褐色，散布黑色。腹部灰色，背侧中央具有渐小的棕褐色毛簇列。前翅青灰色，散布棕色和烟灰色；基线外斜黑色双线，内侧线较明显；内横线外向弧形黑色双线，内侧线较淡，双线间较底色略淡；中横线黑色双线，中室前缘可见，内侧线外斜，外侧线内斜；外横线黑色双线，由前缘区外向弧形弯曲至肾状纹外侧，再内向弧形弯曲至后缘，双线间灰色明显；亚缘线棕色双线，内侧线明显，双线间在后缘区灰色明显；外缘线黑色；环状纹不明显；肾状纹棕灰色至灰色腰果形；外缘线至外横线间色较淡；外横线至内横线棕色明显，2A 脉前具有一黑色纵条斑，其后深棕色；基部至中横线色淡。后翅棕褐色，由内至外渐深；翅脉可见；新月纹呈深棕色点斑；饰毛黄白色较明显。

分布：江西、黑龙江；朝鲜、韩国、日本、俄罗斯。

注：《中国动物志》（夜蛾科）中将本种归入"禾夜蛾属 *Oligia* Hübner, [1821]1816"；Beck(1999)以"*Noctua literosa* Haworth, 1809"建立新属"*Litoligia*"，并将本种归入该属，根据模式标本特征给出其中文名"斑禾夜蛾属"。根据新分类系统当前隶属夜蛾亚科 Noctuinae 秀夜蛾族 Apameini。

16.6 曲线禾夜蛾 *Oligonyx vulnerata* (Butler, 1878)（图版 27:6）

形态特征：翅展 22~26 mm。个体色泽变异略大。头部和触角黑色。胸部黑色；领片黑色，后缘略显棕灰色；肩板前半部黑色，后半部棕灰色。腹部黑色，节间棕灰色明显。前翅基部至外横线黑色，其外棕褐色；基线深黑色；内横线深黑色双线，波浪形弯曲，外侧线较明显；中横线深黑色双线，中室后缘弯曲可见，内侧线较明显，外侧线前缘区可见；外横线深黑色双线，双线间 M_1 脉前黑色，其后棕褐色，内侧线明显，外侧线 M_1 脉前黑色，其后较模糊；亚缘线纤细灰色，较模糊；外缘线黑色；环状纹外斜扁圆形，中央棕黑色，外框深黑色；肾状纹呈棕褐色略大的不规则圆斑，外框深黑色；前缘区中横线外侧至外横线外侧伴衬棕灰色至棕褐色小点斑列。后翅淡黑褐色，由内至外渐深；翅脉可见暗棕褐色；新月纹可见黑褐色晕斑；外横线黑褐色，Cu_2 脉处内凹明显；亚缘线黑褐色，较模糊，弧形弯曲至臀角前的外缘。

分布：江西、黑龙江、河北、湖北；朝鲜、韩国、日本、俄罗斯。

注：《中国动物志》（夜蛾科）中将本种归入"禾夜蛾属 *Oligia* Hübner, [1821]1816"；Sugi(1982)以"*Miana vulnerata* Butler, 1878"建立新属"*Oligonyx*"，根据模式标本中文名给出其中文名"曲线禾夜蛾属"，并将本种更正至该属。根据新分类系统当前隶属夜蛾科 Noctuidae 点夜蛾亚科 Condicinae。

16.7 稻蛀茎夜蛾 *Sesamia inferens* (Walker, 1856)（图版 27:7）

形态特征：翅展 24~30 mm。头部灰白色；触角浅灰色。胸部浅灰色，领片灰色。腹部灰色。前翅底色灰色带微黄色；基线不明显；内横线不显，具一深色带沿中脉延伸至翅外缘；中横线不显；外横线隐约可见；亚缘线不显；外缘线为一条暗褐色细线；饰毛灰白色；环状纹及肾状纹不显。后翅底色灰白色；新月纹不显；饰毛灰色。

分布：江西、山东、湖北、江苏、浙江、福建、四川、台湾；朝鲜、韩国、日本、缅甸、斯里兰卡、菲律宾、新加坡、马来西亚、印度尼西亚、印度、尼泊尔、伊朗、阿富汗、巴基斯坦。

注：根据新分类系统当前隶属夜蛾亚科 Noctuinae 秀夜蛾族 Apameini。

16.8 尼泊尔锦夜蛾 *Euplexia pali* Hreblay & Ronkay, 1998（图版 27:8）

形态特征：翅展 32~34 mm。头部灰白色至灰色；触角褐色。胸部烟黑色；领片灰褐色，边缘黑色；肩板烟淡黑色，散布淡棕色。腹部烟黑色。前翅灰褐色；基线黑色短弧形；内横线黑色外斜双线，中室前双线间烟黑色，其后深黑色，内侧伴衬同底色的条带；中横线黑色略内斜波浪形双线，前半部可见；外横线烟黑色弧形内斜，在肾状纹外侧外伸明显；亚缘线棕灰色小波浪形弯曲内斜，内、外侧伴衬黑色；外缘线棕红色；饰毛黑色；环状纹黑色小点斑，或不显；肾状纹灰白色块斑，中央散布棕红色；外横线和亚缘线区同底色，中横线区后半部深黑色，外缘线区暗烟黑色。后翅灰白色至灰色；新月纹烟黑色，晕状；翅脉褐色可见，Cu_2 脉中大部黑色条斑明显；亚缘线灰色纤细，略模糊；外缘线底色同前翅，较粗；外缘线区烟黑色至暗褐色。

分布：江西；尼泊尔。

注：根据新分类系统当前隶属夜蛾亚科 Noctuinae 衫夜蛾族 Phlogophorini。

16.9 白斑陌夜蛾 *Trachea auriplena* (Walker, 1857)（图版 28:1）

形态特征：翅展 44~47 mm。头部橘黄色；触角棕褐色。胸部橘黄色，散布黑褐色，中央两侧黑褐色明显；领片和肩板橘黄色明显。腹部橘褐色。前翅棕褐色，密布橘黄色至橘绿色；基线波浪形黑色双线，多模糊或具有断裂，双线间多橘黄色至橘绿色，中室后缘和 2A 脉间白色明显；内横线波浪形黑色双线，前半部多明显，后半部较明显，双线间前半部灰色，较模糊，后半部灰白色，中室后缘后翅明显；中横线烟黑色，晕状，外向弧形弯曲，中室后缘后部较明显；外横线黑色双线，双线间灰白色明显，由前缘沿 Sc 脉外伸，再波浪形内斜至后缘，内侧线明显，且在翅脉上呈锯齿形，外侧线模糊；亚缘线淡橘绿色至淡橘黄色，波浪形弯曲内斜；外缘线灰白色，内侧翅脉间伴衬不规则黑色块斑列；环状纹橘绿色至橘黄色小圆斑，中央烟黑色；肾状纹橘绿色至淡橘黄色，不规则长方形，中央烟黑色；楔状纹烛光形，外框黑色，内部褐绿色；基部和内横线区橘绿色至淡橘黄色；中横线区黑褐色，前缘区色淡，中横线前缘至褶脉具有一白色条形块斑，有些个体前半部略呈青色；外横线区黑褐色；亚缘线区前半部淡黑褐色，后半部橘绿色至橘黄色；外缘线区淡黑褐色；前缘线区橘绿色至橘黄色较明显。后翅前、后和外缘线烟褐色，后者带宽；基部大半白色；新月纹烟褐色小晕斑。

分布：江西、湖北、湖南、浙江、福建、四川、云南、台湾；斯里兰卡、泰国、越南、印度、尼泊尔、巴基斯坦。

注：根据新分类系统当前隶属夜蛾亚科 Noctuinae 翅夜蛾族 Dypterygiini。

16.10 陌夜蛾 *Trachea atriplicis* (Linnaeus, 1758)（图版 28:2）

形态特征：翅展 48~52 mm。头部褐色；触角黑褐色。胸部黑色带黄绿色；领片黑褐色。腹部黑褐色。前翅底色暗褐色，翅基部及外缘带黄绿色；基线波浪形黑色双线，中室内凹明显，内侧线明显；内横线黑色波浪形双线，由前缘斜向后延伸至后缘，双线内褐色，散布少许紫色；中横线黑色，仅前缘可见相邻黑色点斑，其余部分不明显；外横线黑色双线，由前缘斜向外呈圆弧形弯曲，双线间褐色，略带紫色，内侧线翅脉上可见锯齿形；亚缘线黄绿色至棕绿色，波浪形弯曲，Cu_2 脉后内凹明显且呈黄白色；外缘线黄白色，内侧伴衬一列翅脉间的黑色小月牙斑列；饰毛黑色；环状纹黑色圆斑，外框黄绿色至棕绿色明显；肾状纹内斜方形，外框黄绿色至棕绿色，内部散布黄绿色至棕绿色与烟黑色相混；外横线区多深黑色，Cu_2 脉前后伴衬白色，呈外斜条斑；基部和内横线区黄绿色至棕绿色明显；亚缘线区 Cu_1 脉前烟灰色，其后黄绿色至棕绿色明显；各横线区在前缘略可见黄绿色至棕绿色。

后翅基半部淡灰褐色，外半部黑褐色；新月纹隐约可见褐色小晕斑；外横线深黑褐色外向弧形晕线；亚缘线仅在 Cu$_2$ 和 2A 脉间可见灰白色条线；外缘线浑灰色，内侧伴衬黑色。

分布：江西、黑龙江、北京、河北、河南、山东、上海、湖南、福建；朝鲜、韩国、日本、俄罗斯、哈萨克斯坦、土耳其；高加索地区、欧洲。

注：根据新分类系统当前隶属夜蛾亚科 Noctuinae 翅夜蛾族 Dypterygiini。

16.11 札幌带夜蛾 *Triphaenopsis jezoensis* Sugi, 1962（图版 28:3）

形态特征：翅展 34~35 mm。头部灰褐色；触角深棕褐色。胸部棕褐色，中央和两侧具有烟褐色纵条纹；领片色略淡；肩板色略深。腹部大部灰色，末端淡棕色，中央具有黑色纵纹。前翅底色棕褐色，散布黑色；基线黑色弯曲短双线，内部棕色；基纵线黑色短带，基部具白斑；内横线黑色双线，由前缘斜外伸至褶脉处，再内斜至后缘；中横线黑色双线，仅在前缘区可见；外横线烟黑色双线，多模糊，中央亮棕色明显；亚缘线淡棕色细线，波浪形弯曲内斜；外缘线淡棕色，内侧翅脉间伴衬黑色小条斑；中横线区至基部黑色点斑明显，外横线至内横线间 2A 脉前具有一黑色纵条斑；环状纹暗棕色近圆形斑，具有黑色外框，不封闭；肾状纹淡棕色卵圆形，散布深棕红色。后翅底色米黄色至灰黄色；新月纹烟黑色弧形线段；外横带和后缘区、基部均烟黑色，且相连；饰毛同底色，翅脉端延伸部隐约显淡烟色。

分布：江西、台湾；朝鲜、韩国、日本、俄罗斯。

注：根据新分类系统当前隶属夜蛾亚科 Noctuinae 翅夜蛾族 Dypterygiini。

16.12 间纹炫夜蛾 *Actinotia intermediata* (Bremer, 1861)（图版 28:4）

形态特征：翅展 28~35 mm。头部灰色；触角棕灰色。胸部棕灰色，中央烟褐色明显；领片和肩板深棕灰色。腹部淡棕红色至棕褐色。前翅灰白色，各翅脉间多纵条纹；各横线多模糊或不显；基线仅在前缘区可见一黑褐色小点斑；内横线前缘可见较底色略淡的条纹或不显，在中室后缘之后略显细小黑褐色 1~3 个点斑或不显；中横线不显；外横线翅脉上可见细小黑褐色点斑列，或极淡或不显；亚缘线在中部翅脉间略显细小黑褐色点斑，根据个体不同，显示不同；基纵线黑色条线明显，由基部外伸至中横线附近；中室外半部可见 3 条细小纵纹；环状纹不显；肾状纹黄白色扁圆形，后半部内、外侧伴衬焦黑色明显；外缘线区和亚缘线区在 R$_5$ 脉后翅脉间和翅脉上密布黑色至焦黑色纵条纹，与底色相间呈辐射状；后缘基半部具有一黑色纵条纹，与基纵线平行；前缘区烟黑色明显。后翅较底色淡，外缘区淡褐色，中大半部较宽；翅脉淡褐色可见；新月纹极淡灰色晕斑。

分布：江西、黑龙江、陕西、湖北、湖南、浙江、福建、海南、四川、云南、台湾；朝鲜、韩国、日本、印度、尼泊尔、巴基斯坦；南非。

注：根据新分类系统当前隶属夜蛾亚科 Noctuinae 炫夜蛾族 Actinotiini。

16.13 长斑幻夜蛾 *Sasunaga longiplaga* Warren, 1912（图版 28:5）

形态特征：翅展 40~46 mm。头部灰色至米灰色；触角棕色。胸部棕黄色，中央两侧棕褐色纵条纹明显；领片棕灰色，散布青白色；肩板米灰色。腹部灰色至棕灰色。前翅狭长，棕褐色；基线黑褐色双线，弯折强烈，较模糊；内横线黑褐色双线，强烈弯折明显，中室前、后外突角明显，双线间较底色略淡；中横线暗黑褐色，较模糊；外横线黑色至黑褐色双线，波浪形弯曲，R_5 脉前黑色明显，其后黑褐色且内斜，内侧线较明显；亚缘线仅在前缘区灰白色略显，其后较模糊；中横线区较深；亚缘线区在前缘可见不规则黑褐色块斑；环状纹小圆斑，中央棕褐色至棕红色，外框散布黑褐色；肾状纹呈较模糊的不规则内斜核桃形斑块。后翅灰色，大三角形，顶角略棕褐色；外缘略平直，M_{1-2} 和 Cu_2 脉处内凹明显；新月纹晕状暗灰色。

分布：江西、海南、西藏、台湾；朝鲜、韩国、日本、泰国、缅甸、越南、菲律宾、印度尼西亚、马来西亚、巴布亚新几内亚、印度、尼泊尔。

注：根据新分类系统当前隶属夜蛾亚科 Noctuinae 衫夜蛾族 Phlogophorini。江西省新记录种。

16.14 白纹驳夜蛾 *Karana gemmifera* (Walker, [1858]1857)（图版 28:6）

形态特征：翅展 35~39 mm。头部黑色，散布白色；触角黑色。胸部中央灰白色，周边具有黑色方框；领片黑色，后缘灰白色；肩板黑色，散布橘黄色和灰白色。腹部灰色至棕灰色。前翅黑色；基线深黑色双线，双线间白色；内横线深黑色双线，双线间白色，褶脉处向内弯折至基线，外侧线外侧伴衬棕绿色至黄绿色；中横线模糊；外横线深黑色双线，双线间较底色略淡，M_3 脉前外向弧形弯曲，之后内斜；亚缘线棕色纤细，较模糊；环状纹黑色小圆斑，中央为一小白点；肾状纹白色近似方形斑，中央前部具有一黑色点斑；外缘线区散布棕绿色至黄绿色。后翅白色，顶角和外缘区烟黑色；外缘线和亚缘线深烟黑色，二者略平行；新月纹不显。

分布：江西、浙江、福建、四川、云南；印度。

注：根据新分类系统当前隶属夜蛾亚科 Noctuinae 衫夜蛾族 Phlogophorini。

16.15 甜菜夜蛾 *Spodoptera exigua* (Hübner, 1808)（图版 28:7）

形态特征：翅展 19~28 mm。个体变异较大。头部和触角棕褐色，前者散布黑褐色。胸部黑褐色；领片棕褐色。腹部棕褐色。前翅棕褐色；基线波浪形粗细不均的黑色双线，双线间同底色，内侧线较明显；内横线黑色双线，波浪形外斜，内侧线较淡，外侧线明显，双线间较底色淡；中横线黑色，略粗，边界不明显，由前缘外斜至中室后缘，再波浪形内斜至后缘；外横线波浪形黑色双线，双线间较底色淡，前缘区较淡，R_5 脉后明显；亚缘线黄灰色，波浪形，内侧伴衬烟黑色；外缘线黄灰色，内侧翅脉间伴衬黑色点斑列；环状纹呈黄灰色圆斑；肾状纹亮棕褐色，非满月状，边界黄灰色明显，外侧伴衬黑色。后翅白色至灰白色；前缘和外缘区域、翅脉棕褐色明显；饰毛多白色。

分布：江西，以及华北、华东、华中、华南、西南地区；朝鲜、韩国、日本、俄罗斯、印度、尼泊尔、巴基斯坦、土耳其、美国（夏威夷岛）、澳大利亚；北非、北美洲。

注：根据新分类系统当前隶属夜蛾亚科 Noctuinae 灰翅夜蛾族 Prodeniini。

16.16 斜纹夜蛾 *Spodoptera litura* (Fabricius, 1775)（图版 28:8）

形态特征：翅展 34~38 mm。个体色泽差异略大。头部黄白色；触角棕灰色。胸部、领片和肩板黄白色至米灰色。腹部棕灰色。前翅棕褐色，部分密布黑褐色和焦黑色；基线黑色较粗壮；内横线黑色双线，由前缘略外斜至褶脉后弧形内折至后缘，在 Sc 脉外伸成角明显，双线间黄白色至灰白色；中横线烟黑色至黑色，在前缘区可见，其后模糊；外横线黑色双线，由前缘沿 Sc 脉外向延伸后外向弧形弯曲至 Cu_2 脉，再内向弧形外斜至后缘，双线间前半部较模糊，后半部黄白色至灰白色；亚缘线黄白色至灰白色，由前缘近顶角内斜至 R_5 脉基半部后外伸到外半部，再波浪形内斜至臀角；外缘线黄白色至灰白色，内侧翅脉间伴衬端部具灰白色的"工"形黑斑列；饰毛黑褐色和黄白色相间；环状纹外斜，呈黄白色至灰白色长条形斑，向前延伸至前缘，向外延伸至肾状纹之后；肾状纹不规则方圆状，边框多黄白色，中部具黄白色至灰白色内斜斜条斑；内横线在中室后缘之后呈黑色明显眼斑状；中、外横线区底色由前至后渐淡；亚缘线区 R_5 脉之后密布青白色，M_3-Cu_2 脉间黑褐色较明显，之前外半部烟黑色至黑色呈内斜斜条斑；外缘线区 R_5 脉之后棕色至灰褐色，之前顶角区亮青白色至灰白色。后翅白色至亮白色，翅脉棕灰色可见；前、外缘区可见烟黑色至烟色窄条纹；外缘 M_2 脉略凹陷；外横线在有些个体隐约可见纤细条线。

分布：江西、山东、江苏、浙江、湖南、福建、广东、海南、贵州、云南；朝鲜、韩国、日本、俄罗斯、印度尼西亚、印度、尼泊尔、巴基斯坦、巴布亚新几内亚、斐济、所罗门群岛、哥伦比亚、澳大利亚、新西兰。

注：根据新分类系统当前隶属夜蛾亚科 Noctuinae 灰翅夜蛾族 Prodeniini。

16.17 线委夜蛾 *Athetis lineosa* (Moore, 1881)（图版 29:1）

形态特征：翅展 30~34 mm。个体变异较大。头部棕色，散布灰白色；触角棕色。胸部、领片和肩板棕褐色。腹部多棕灰色至淡棕褐色。前翅棕褐色至赭色，有些个体深褐灰色，翅脉烟黑色至黑褐色多可见；基线黑褐色至深褐色，短小；内横线深棕褐色，较平直，略外斜；中横线烟褐色至深棕褐色，晕状外向弧形弯曲；外横线深棕褐色，略外向弧形弯曲；亚缘线呈略粗的深褐色，波浪形弯曲地略内斜；外缘线黑褐色纤细；环状纹呈黑色小点斑；肾状纹由 2 个前小后大的黄白色至白色斑组成。后翅褐灰色，基半部深灰褐色，呈晕状扩散；新月纹可见晕状条斑；外横线前半部隐约可见；外缘褶脉端略凹陷。

分布：江西、河北、河南、浙江、湖北、湖南、福建、海南、广西、四川、云南、台湾；朝鲜、韩国、日本、俄罗斯、印度、尼泊尔。

注：根据新分类系统当前隶属夜蛾亚科 Noctuinae 逸夜蛾族 Caradrinini。江西省新记录种。

16.18 果红裙杂夜蛾 *Amphipyra pyramidea* (Linnaeus, 1758)（图版 29:2）

形态特征：翅展 50~58 mm。头部和触角棕红色至深棕色。胸部、领片和肩板棕红色，散布黑色，后者红色较明显。腹部棕红色。前翅多棕红色，散布烟黑色；基线黑色，中部多断裂，有些具细线相连；内横线黑色波浪形弯曲双线，内侧线较淡，双线间较底色淡；中横线黑色，仅在前缘可见点斑；外横线黑色双线，外侧线较淡，内侧线明显，锯齿形，双线间较底色淡；亚缘线呈较底色淡的纤细线条，较模糊；外缘线黑色细线；环状纹晕状烟黑色不规则圆斑，后缘伴衬黑色晕条；内横线至外横线间色略深。后翅亮棕红色；前缘区色深，散布深褐色；新月纹暗棕红色晕斑。

分布：江西、黑龙江、吉林、辽宁、河北、湖北、广东、四川；朝鲜、韩国、日本、俄罗斯、哈萨克斯坦。

注：根据新分类系统当前隶属夜蛾科 Noctuidae 杂夜蛾亚科 Amphipyrinae。

16.19 流杂夜蛾 *Amphipyra acheron* Draudt, 1950（图版 29:3）

形态特征：翅展 55~58 mm。头部和触角褐色，密布青灰色。胸部、领片和肩板棕褐色，密布青灰色。腹部深棕褐色。前翅棕褐色，散布烟黑色和少量棕红色；基线烟黑色，仅在前缘区多见；内横线外向弧形弯曲，内侧线烟黑色较模糊，前缘和中部略显，外侧线黑色和烟黑色相间较明显；中横线为边界不明显的烟黑色晕带；外横线黑色双线，外侧线模糊，隐约可见部分烟黑色，内侧线黑色锯齿形，后半部较前半部明显，双线间较底色略淡；亚缘线波浪形淡棕色细线，非常模糊；外缘线黑色；环状纹灰色小眼斑，中央烟黑色点斑；肾状纹黑色晕状扁圆形，仅黑色区域较明显。后翅棕红色；新月纹晕状暗棕褐色。

分布：江西、黑龙江、吉林、辽宁、陕西、云南、西藏、台湾；韩国。

注：根据新分类系统当前隶属夜蛾科 Noctuidae 杂夜蛾亚科 Amphipyrinae。江西省新记录种。

16.20 暗杂夜蛾 *Amphipyra erebina* Butler, 1878（图版 29:4）

形态特征：翅展 45~48 mm。头部和触角棕色至橘红色。胸部黑色，中央散布黄白色至棕灰色；领片黑色，散布棕色至橘色。腹部棕褐色至棕灰色。前翅外横线至基部黑色至烟黑色，其外侧棕褐色；基线深黑色；内横线深黑色波浪形双线，双线间灰白色，由前至后渐细；中横线深黑色，略扩散，较模糊，前缘区略明显；外横线黑色双线，由前缘波浪形外斜至 Cu_1 脉，再内斜至后缘，双线间灰白色至白色；亚缘线灰白色至黄白色，纤细，波浪形弯曲内斜；外缘线黑色；环状纹可见小灰白色眼斑，中央黑色；肾状纹隐约可见黑色晕斑，非常模糊；外缘线区较亚缘线区色深；亚缘线区在前缘可见黑色块斑，在 M_2 和 M_3 脉可见 2 条黑纹。后翅多灰褐色，由内至外色渐深，散布烟色；外横线隐约可见，褶脉可见内凹；新月纹隐约可见较底色深的斜纹。

分布：江西、黑龙江、湖北、云南；朝鲜、韩国、日本、俄罗斯。

注：根据新分类系统当前隶属夜蛾科 Noctuidae 杂夜蛾亚科 Amphipyrinae。江西省新记录种。

16.21 胖夜蛾 *Orthogonia sera* Felder et Felder, 1862（图版 29:5）

形态特征：翅展 54~63 mm。头部和触角黑褐色，前者中央具有棕色纵线。胸部棕褐色，散布灰色；领片和肩板黑褐色至黑色，散布棕色。腹部棕褐色，散布灰色。前翅宽大，黑色至烟黑色，翅脉黄白色至灰白色；基线黑色宽带；内横线棕灰色，外向弧形弯曲；中横线深黑色，较模糊；外横线棕灰色波浪形，略内斜，在 M₃ 脉外突明显；亚缘线棕灰色，内斜细线，较模糊；外缘线棕黄色细线，在翅脉间呈外突角；环状纹大圆形，外框黄白色至棕黄色，内侧框略平直，中央黑色；肾状纹内斜豆荚形，外框黄白色至棕黄色，中央黑色；内横线区烟黑色；中、外横线区深黑色；亚缘线区棕灰色至米灰色，有些个体灰白色；外缘线区深烟黑色，散布深黑。后翅黑褐色，由内至外渐深；新月纹晕状深褐色眼斑；外缘线淡黄色至黄白色；饰毛淡黄色至黄白色，散布褐色。

分布：江西、黑龙江、吉林、辽宁、浙江、四川、云南；朝鲜、韩国、日本、俄罗斯。

注：根据新分类系统当前隶属夜蛾亚科 Noctuinae 翅夜蛾族 Dypterygiini。

16.22 花夜蛾 *Yepcalphis dilectissima* (Walker, 1858)（图版 29:6）

形态特征：翅展 25~27 mm。头部淡黄色；触角棕褐色。胸部和肩板棕红色至赭红色，后胸白色；领片黄白色至淡黄色。前翅棕红色；基线黑色纤细，波浪形；内横线由淡黄色至黄白色大小不一的 5~7 个点斑组成，前、后缘处较大；中横线由淡黄色至黄白色大小不一的 6 个斑块组成，前缘区内侧斑最大，外侧斑最小，其后斑分裂，呈内小外大变化；外横线由前缘淡黄色至黄白色 2 个小斑和后缘 1 个小斑组成；亚缘线淡黄色至黄白色，由前缘 1 个小斑、顶角 1 个大斑、外缘 3 个圆斑和臀角 1 个斑组成；环状纹隐约可见一黑色小点斑；肾状纹隐约可见一青紫色小点斑；前缘和外缘在各圆斑间黑色明显。后翅棕褐色，由内至外渐深；斑纹和横线不明显。

分布：江西、湖南、福建、广东、云南；泰国、缅甸、老挝、印度尼西亚、斯里兰卡、新加坡、马来西亚、印度。

注：根据新分类系统当前隶属夜蛾科 Noctuidae 杂夜蛾亚科 Amphipyrinae。

16.23 黑褐灿夜蛾 *Aucha pronans* Draudt, 1950（图版 29:7）

形态特征：翅展 37~38 mm。头部棕褐色，散布灰色；触角褐色。胸部、领片和肩板棕褐色，散布深褐色，前者中央橘红色明显。腹部淡棕褐色至淡棕色，背侧中央具有毛簇。前翅棕褐色，散布黑褐色至黑色；基线黑色双线，在 Sc 脉内折明显，双线间同底色；内横线黑色双线，波浪形弯曲，内侧线较外侧线模糊，双线间同底色；中横线黑色，前缘区略显；外横线黑色双线，由前缘外向弧形弯曲至 M₃ 脉，再略内向弧形内斜至后缘，内侧线较外侧线明显，双线间较底色淡；亚缘线较底色淡，呈略波浪形内斜的纤细线条；环状纹圆形，外框多不连续的黑色，内部同底色；肾状纹为碎斑状白色半圆形，内侧伴衬深黑色；

楔状纹深黑色块斑；内横线区深黑色明显；外横线区前半部和 2A 脉附近深黑色明显。后翅棕褐色，中央具淡黄色大块斑；新月纹暗棕褐色，似 "C" 形；饰毛淡黄色。

分布：江西、云南。

注：根据新分类系统当前隶属夜蛾亚科 Noctuinae 翅夜蛾族 Dypterygiini。江西省新记录种。

16.24 飘夜蛾 *Clethrorasa pilcheri* (Hampson, 1896)（图版 29:8）

形态特征：翅展 38~40 mm。个体变异较大。头部白色；触角黑褐色。胸部、领片和肩板白色，前者中央两侧具黑色纵纹。腹部第 1 节和末端密布白色，近末端黑色至紫黑色。前翅白色；基线呈黑色点斑；内横线在前、后缘可见黑色；中横线由前、后缘和中室内的黑斑组成，有些个体中室内黑斑缺失；外横线黑色双线，仅在前后缘可见 4 个条块形斑；亚缘线由前、后缘的黑色条点斑及翅脉间点斑组成，有些个体缺失；顶角和外缘可见黑斑散布；肾状纹黑色块斑明显或缺失。后翅暗棕褐色至烟褐色；外横线可见或缺失。

分布：江西、湖南；泰国、马来西亚、尼泊尔、印度。

注：根据新分类系统当前隶属夜蛾科 Noctuidae 杂夜蛾亚科 Amphipyrinae。

16.25 句夜蛾 *Goenycta niveiguttata* (Hampson, 1902)（图版 30:1）

形态特征：翅展 34~36 mm。个体变异较大。头部白色，中央黑色；触角黑褐色。胸部白色，前、后胸具有 2 个黑色斑；领片前大部白色，后缘部黑色；肩板前部白色，后大半部黑色。腹部黄白色至白色，背侧中央具有黑色小毛簇。前翅黑色；基线白色至黄白色短直线；内横线白色至黄白色双线，双线间黑色，在前、后缘区双线相交呈不规则环状；中横线白色，由大小不一的纤细线段组成，有些个体仅前缘可见；外横线似内横线，相对较大；亚缘线白色至黄白色，前、后缘区可见较大斑，其余部分略显细小点斑；外缘线黑色和黄白色相间；环状纹不显；肾状纹仅可见细小深褐色点斑。后翅白色，外缘区烟黑色至烟褐色；新月纹晕状烟黑色块斑。

分布：江西、陕西、湖南、福建、台湾；泰国、越南、老挝、印度。

注：根据新分类系统当前隶属夜蛾科 Noctuidae 剑纹夜蛾亚科 Acronictinae。

16.26 白夜蛾 *Chasminodes albonitens* (Bremer, 1861)（图版 30:2）

形态特征：翅展 29~31 mm。头、胸、腹部通体白色；触角褐灰色，基部白色。前翅白色；各横线消失，或略显；基线不显；内横线隐约可见褐色细小点斑列；中横线不显；外横线和亚缘线翅脉间隐约可见褐色细小点斑列，二者略平行；环状纹和肾状纹不显，有些个体略可见小点斑。后翅白色。

分布：江西、黑龙江、吉林、辽宁、陕西、山西、河北、江苏、浙江、湖南；朝鲜、韩国、日本、俄罗斯。

注：根据新分类系统当前隶属夜蛾亚科 Noctuinae 木冬夜蛾族 Xylenini。

16.27 黑斑流夜蛾 *Chytonix albonotata* (Staudinger, 1892)（图版 30:3）

形态特征：翅展 33~39 mm。头部灰褐色；触角棕褐色。胸部和肩板棕色；领片灰褐色。腹部灰褐色。前翅灰褐色；基线黑色外斜宽条；内横线黑色外斜粗线，在 2A 脉弯折晕状内斜；中横线黑色，仅前缘区略显，其后不显；外横线黑色，外向弧形弯曲；亚缘线淡灰色，波浪形弯曲，较模糊；外缘线黑色；环状纹外框黑色，内部同底色；肾状纹略"8"字形，外框黑色，内部同底色；内横线至基部黑色，掺杂棕褐色；前缘和外缘区烟褐色明显；2A 脉具有黑色条纹；M_3 脉在外横线和外缘线间具有黑色。后翅棕褐色，翅脉深褐色；新月纹晕状深褐色条斑。

分布：江西、黑龙江、吉林、四川、云南；韩国、日本、俄罗斯。

注：根据新分类系统当前隶属夜蛾科 Noctuidae 点夜蛾亚科 Condicinae。江西省新记录种。

16.28 白纹点夜蛾 *Condica albigutta* (Wileman, 1912)（图版 30:4）

形态特征：翅展 33~35 mm。头部棕褐色至棕色；触角棕灰色，具有褐色环纹。胸部棕褐色，中央具有深褐色环；领片后缘深褐色。腹部灰色，散布淡青黑色。前翅棕褐色，散布灰白色；基线深褐色双线，双线间淡棕灰色；内横线深褐色双线，中室后缘前略外斜，其后弧形内斜，双线间淡棕灰色；中横线深褐色至深烟褐色晕状，前半部明显；外横线双线，由前缘区外斜，在 R_5 脉略内斜至 M_3 脉，再略内向弧形内斜至后缘，内侧线深褐色明显，外侧线模糊，翅脉上略明显，双线间淡棕灰色；亚缘线淡棕灰色纤细线，波浪形弯曲内斜；外缘线亮黄灰色；环状纹外斜圆斑，外框深褐色，内部近似同底色；肾状纹圆形，外框深褐色，中央灰白色明显；楔状纹晕状深褐色短块斑。后翅灰色，翅脉深褐色；新月纹隐约可见；外缘 Cu_1 脉略外突。

分布：江西、湖南、海南、台湾；日本、泰国、越南、缅甸、老挝、菲律宾、印度尼西亚、马来西亚、巴布亚新几内亚。

注：根据新分类系统当前隶属夜蛾科 Noctuidae 点夜蛾亚科 Condicinae。江西省新记录种。

16.29　楚点夜蛾 *Condica dolorosa* (Walker, 1865)（图版 30:5）

形态特征：翅展 33~40 mm。头部白色至黄白色；触角淡棕色。胸部、领片、肩板黑色。腹部灰白色至黄白色，散布橘色。前翅淡黑色至棕褐色，前缘区和基部深黑色；基线黑色双线，较模糊，双线间黄白色至灰白色，且前缘区明显；内横线较底色略深的双线，模糊，双线间黄白色至灰白色，在前、中、后部略见点斑，其余部分模糊；中横线较底色略深的双线，仅前缘区可见，双线间呈黄白色至灰白色点斑；外横线双线，由黄白色至灰白色点斑列组成，外向弧形弯曲；亚缘线由黄白色至灰白色小点斑列组成，中段较模糊；环状纹呈小圆斑，较模糊，有些个体不显；肾状纹扁圆形，由多个细小黄白色至灰白色点斑组成。后翅黄白色至灰白色，翅脉深褐色可见；外缘区深褐色；新月纹晕状，隐约可见。

分布：江西、湖南、福建、广东、海南、云南、台湾；泰国、越南、斯里兰卡、菲律宾、马来西亚、印度尼西亚、印度、尼泊尔、斐济、巴布亚新几内亚、澳大利亚。

注：根据新分类系统当前隶属夜蛾科 Noctuidae 点夜蛾亚科 Condicinae。

16.30　中圆夜蛾 *Acosmetia chinensis* (Wallengren, 1860)（图版 30:6）

形态特征：翅展 33~40 mm。个体色泽变异略大。头部棕褐色；触角褐色。胸部和肩板棕褐色，散布深黑褐色；领片棕褐色，后缘黑色明显。腹部棕褐色。前翅深棕褐色至黑褐色；基线黑褐色双线，双线间灰色；内横线黑色至黑褐色波浪形弯曲，双线间灰色；中横线晕状黑褐色粗线；外横线黑褐色双线，前半部外向弧形弯曲，后半部内向弧形弯曲，双线间灰色，外侧线较淡；亚缘线灰色，波浪形内斜；外缘线淡棕灰色；环状纹棕色小圆斑；肾状纹腰果形，外侧散布灰色；亚缘线区色深；外横线区密布灰色。后翅棕灰色，由内至外渐深；饰毛淡棕色至棕灰色。

分布：江西、黑龙江、吉林、辽宁、河北、四川；朝鲜、韩国、日本、俄罗斯、印度。

注：《中国动物志》（夜蛾科）中以"中赫夜蛾 *Hadjina chinensis* (Wallengren, 1806)"划入"赫夜蛾属 *Hadjina* Staudinger, 1891"，而赫夜蛾属种类主要分布于地中海、埃塞俄比亚、印度尼西亚等地，在东亚该属并无分布，且在 *Noctuidae Europaeae*（Vol.9）中确定了本种隶属"圆夜蛾属 *Acosmetia* Stephen, 1829"。根据新分类系统当前隶属夜蛾科 Noctuidae

点夜蛾亚科 Condicinae。

16.31 日雅夜蛾 *Iambia japonica* Sugi, 1958（图版 30:7）

形态特征：翅展 32~36 mm。个体色泽变异略大。头部灰白色；触角褐色。胸部棕色，密布灰色；领片棕红色。腹部灰色。前翅基半部灰白色，外半部黑褐色；基线黑褐色双线，双线间同底色；内横线黑色双线，双线间灰白色，内侧线模糊，外侧线明显；中横线黑褐色晕状粗线，较模糊；外横线黑褐色至黑色外向弧形弯曲双线，双线间灰白色；亚缘线灰白色，由前缘至后缘逐渐变宽，在臀角呈灰白色宽斑；外缘线亮灰色，内侧翅脉间伴衬黑褐色点斑列；环状纹模糊；肾状纹扁圆形，密布灰白色；外横线区中室后具有深黑色至黑褐色块斑；亚缘线区前半部色深，各翅脉黑色明显。后翅棕灰色，由内至外渐深，翅脉棕褐色可见；新月纹隐约可见。

分布：江西、福建、广西；朝鲜、韩国、日本。

注：根据新分类系统当前隶属夜蛾科 Noctuidae 点夜蛾亚科 Condicinae。

16.32 散纹夜蛾 *Callopistria juventina* (Stoll, 1782)（图版 30:8）

形态特征：翅展 31~35 mm。头部棕褐色至黑褐色；触角褐色至棕褐色。胸部、领片和肩板棕褐色，掺杂黑色。腹部棕褐色。前翅棕褐色至黑褐色；基线黑色双线，由前缘内斜至中室前缘，再外折成角后内斜至 2A 脉，双线间粉灰色至淡灰色；内横线黑色双线，由前缘外向弧形弯曲，双线间粉灰色，内侧线中室前缘之前较模糊，外侧线外侧伴衬粉灰色条带；中横线仅在前缘区可见深黑褐色短条线，较模糊；外横线黑色至黑褐色双线，双线间粉灰色，内侧线略粗且明显，外侧线较纤细，外侧伴衬粉色宽条；亚缘线黄白色，M_3 脉前明显略粗，其后较纤细；外缘线黑色，内侧伴衬棕褐色和黄白色细条线；环状纹外斜黄白色小扁椭圆斑，内部黑褐色；肾状纹内斜黄白色月牙形，内部具有 2 条黑色线；基部散布深棕褐色至黑色块斑；中、外横线区和亚缘线区外半部黑色明显。后翅棕褐色，由内至外渐深；翅脉和新月纹晕状深棕褐色。

分布：江西、黑龙江、吉林、辽宁、河南、山东、江苏、浙江、湖北、湖南、福建、广西、海南、四川；朝鲜、韩国、日本、俄罗斯、越南、泰国、印度；高加索地区、欧洲、北非。

注：根据新分类系统当前隶属夜蛾科 Noctuidae 散纹夜蛾亚科 Eriopinae。

16.33　弧角散纹夜蛾 *Callopistria duplicans* Walker, [1858]1857（图版 31:1）

形态特征：翅展 25~30 mm。头部橘色至橘黄色，散布黑色；触角深棕褐色。胸部和肩板黑色，散布橘黄色，后者边缘橘黄色明显；领片黑色，外缘橘黄色。腹部灰色至棕灰色。前翅黑褐色至黑色；基线黑色双线，在中室前、后缘弯折明显，双线间黄灰色；内横线黑色双线，双线间黄灰色，内侧线较模糊，外侧线明显，外侧伴衬黄灰色条线；中横线深黑色，仅在前缘隐约可见；外横线黑色双线，双线间黄灰色至米灰色，由前缘外向弧形弯曲至 M_3 脉，再略内向弧形弯曲至后缘，内侧线明显，外侧线纤细，外侧伴衬黄灰色至米灰色宽条；亚缘线黄灰色至米灰色，M_{1-3} 弯折明显；外缘线黑色；环状纹呈外斜的黄灰色至淡黄色小扁椭圆形，内部黑色；肾状纹内斜黄灰色近似锯形，内部具有 1 条黑色弧形条线；在各横线区，横线与黄灰色至淡黄色翅脉将底色分割成多个块斑。后翅灰白色，掺杂黄灰色，翅脉灰褐色至褐色；基半部和外缘区散布淡烟褐色；外缘 M_2 脉和褶脉区内凹可见。

分布：江西、山东、江苏、浙江、福建、海南、四川、台湾；朝鲜、韩国、日本、印度、缅甸。

注：根据新分类系统当前隶属夜蛾科 Noctuidae 散纹夜蛾亚科 Eriopinae。

16.34　红晕散纹夜蛾 *Callopistria repleta* Walker, 1858（图版 31:2）

形态特征：翅展 35~40 mm。头部橘色至橘黄色，散布黑色；触角棕褐色。胸部橘色至橘黄色，中央具有黑色宽条斑；领片黑色，散布橘色至橘黄色；肩板前部多黑色，其余部分橘色至橘黄色。腹部橘色至橘黄色，较胸部色略淡。前翅橘色至橘黄色和黑色相间；基线黑色双线，由前缘内斜至中室前缘后略外斜至中室后缘，再内斜至 2A 脉，双线间多黄白色；内横线黑色双线，由前缘外斜弧形弯曲至 2A 脉，再内斜至后缘，双线间黄白色至淡黄色，外侧线外侧伴衬同双线间的条线；中横线模糊；外横线黑色双线，由前缘内斜至 Sc 脉后外斜至 R_5 脉，再直内斜至 Cu_2 脉后略内向弧形弯曲至后缘，内、外侧线的内、外侧伴衬黄白色至淡黄色条斑；亚缘线 M_3 脉前黄白色至淡黄色，在前缘区、R_5-M_1、M_{2-3} 可见 2 个内斜和 1 个外斜的条斑，M_3 脉之后呈内向弧形的黑色细线；外缘线黑色双线，双线间橘黄色至橘红色，内侧线内侧银白色细线；环状纹外斜橘黄色扁椭圆形，内部黑色；肾状纹由黄白色至淡黄色的 2 个内斜香蕉形条斑组成，二者间黑色；内横线区橘黄色；中、外横线区前半部黑色为主，后半部散布橘黄色；亚缘线区前半部黑色，后半部橘黄色；外横线区顶角处橘黄色，其余部分与黑色相混杂；外缘 R_5 至 M_2 脉间凹陷明显。后翅橘黄色至灰黄色，散布棕灰色；新月纹呈晕状小点斑；外缘黄色至淡黄色。

分布：江西、黑龙江、吉林、辽宁、陕西、山西、河南、浙江、湖北、湖南、福建、广西、海南、四川、云南；朝鲜、韩国、日本、俄罗斯、越南、泰国、马来西亚、印度尼西亚、印度、巴基斯坦。

注：根据新分类系统当前隶属夜蛾科 Noctuidae 散纹夜蛾亚科 Eriopinae。

16.35 红棕散纹夜蛾 *Callopistria placodoides* (Guenée, 1852)（图版 31:3）

形态特征：翅展 28~30 mm。头、胸、腹部棕红色，前二者色较深，后者散布灰色。前翅棕红色至淡棕色；基线双线，较底色深，双线间灰白色，外侧线较内侧线粗壮；内侧线为较底色深的双线，由前至后渐宽，双线间淡灰色，外侧线外侧中室后缘之后伴衬淡灰色条斑；外横线双线，较底色深，由前缘内斜，双线间前半部同底色，后半部灰色；亚缘线双线，内侧线较底色深，略波浪形弯曲，外侧线 Cu_2 脉前白色，之后较底色深，且在 M_3 脉外突角明显；外缘线较底色深，内侧伴衬白色细线，在 M_3 脉外突明显；环状纹椭圆形，外框灰白色，内部较底色淡；肾状纹呈略内斜的平行四边形，内部灰白色，具有一较底色深的条线；外缘线区灰色至灰白色；亚缘线区后缘具有一小毛簇；内横线区和基线散布淡灰白色。后翅棕灰色，饰毛淡黄色至黄灰色；新月纹隐约可见，非常模糊。

分布：江西、浙江、湖南、福建、海南、云南、台湾；韩国、日本、越南、印度尼西亚、尼泊尔。

注：根据新分类系统当前隶属夜蛾科 Noctuidae 散纹夜蛾亚科 Eriopinae。

16.36 港散纹夜蛾 *Callopistria flavitincta* Galsworthy, 1997（图版 31:4）

形态特征：翅展 26~27 mm。头部和触角橘灰色至橘红色。胸部灰色；领片前半部棕黑色至黑色，后半部橘灰色至橘红色；肩板橘灰色至橘红色，散布黑褐色。前翅棕红色至棕褐色，散布黑色；基线黑色双线，在前缘区和 2A 脉前呈 2 个弧形拱状，双线间黄白色至白色；内横线黑色双线，中室后缘前略平直外伸，其后外向弧形内斜，双线间黄白色至白色，外侧线外侧在中室后缘之后伴衬灰白色条纹；中横线黑色，模糊；外横线黑色双线，由前缘内斜至 Sc 脉后外斜至 R_5 脉，再略外斜至 M_3 脉后略内向弧形弯曲至后缘，外侧线的外侧伴衬较底色淡的条纹；亚缘线黄灰色至淡黄色，有些个体黄白色，由前缘近顶角闪电形内斜，在 M_2 和 M_3 脉可伸达外缘，其后内向弧形弯曲至后缘；外缘线暗棕黄色，内侧伴衬灰白色至黄灰色；内横线区后半部、中横线和外横线区前半部、亚缘线区前部黑色明显；环状纹橘红色外斜小椭圆形，较模糊；肾状纹为内斜的黄白色菱形，内部多橘红色，内侧具有一黑色条纹。后翅棕灰色至深灰色；饰毛淡黄色；新月纹晕状，较底色深。

分布：江西、海南、台湾；泰国。

注：根据新分类系统当前隶属夜蛾科 Noctuidae 散纹夜蛾亚科 Eriopinae。江西省新记录种。

16.37 日月明夜蛾 *Sphragifera biplagiata* (Walker, 1865)（图版 31:5）

形态特征：翅展 30~36 mm。头部和触角白色。胸部、领片和肩板白色。腹部前半部白色，后半部灰白色。前翅白色；基线和内横线不显；中横线棕红色外斜条带至外横线；外横线棕红色，前半部隐约可见细小颗粒，后半部呈黄白色条带，外侧散布黑色小点斑；亚缘线淡棕色，由前至后渐宽；外缘线白色，散布淡棕色，内侧散布黑色，在 M_3 脉后呈黑色点、条斑；亚缘线区前半部呈一棕红色椭圆形大斑，其后密布淡棕色，且向内延伸与外横线和中横线相连处相交；环状纹不显；肾状纹腰果形，外框棕红色，内部白色，散布棕红色。后翅黄白色至灰白色，由内至外渐深；外缘区密布棕灰色；饰毛白色。

分布：江西、吉林、辽宁、河北、河南、湖北、湖南、江苏、浙江、福建、贵州、台湾；朝鲜、韩国、日本。

注：根据新分类系统当前隶属夜蛾科 Noctuidae 笆夜蛾亚科 Bagisarinae。

17 冬夜蛾亚科 Cuculliinae

注：传统分类系统中的本亚科在当前新系统中隶属夜蛾科 Noctuidae，且降为一族级阶元；同时，本亚科原有种类划分入多个亚科。

17.1 碧鹰冬夜蛾 *Valeria tricristaat* Draudt, 1934（图版 31:6）

形态特征：翅展 44~46 mm。头部棕褐色，散布灰白色；触角棕绿色。胸部、领片和肩板棕黑色，散布绿色。腹部棕灰色，第 1~4 节背侧具有渐小的棕黑色毛簇。前翅棕黑色至黑褐色，散布黑色，翅脉多绿色；基线黑色双线，双线间绿色；内横线黑色双线，双线间同底色；中横线黑色，较模糊，前缘区明显；外横线黑色双线，波浪形弯曲，且在翅脉上有断裂出现，由前至后渐宽，外侧线外侧伴衬绿色；亚缘线灰白色至白色，弧形弯曲，Cu_1 脉后可见内斜白色针形斑；外缘线黄色，波浪形，内侧伴衬黑色；饰毛内半部为烟黑色，外半部为黄白色；外缘波浪形；环状纹黄白色圆斑，内部同底色；肾状纹黄白色方形，内部较底色淡，中央具有灰白色条纹；外缘线区密布绿色；前缘具有浑黄白色点斑。后翅黄白色至淡黄色，外半部散布灰黑色；新月纹灰黑色月牙形；外缘线淡黄色，内侧伴衬黑色；中横线黑褐色，在翅脉上呈小点斑。

分布：江西、江苏、湖南；韩国。

注：根据新分类系统当前隶属夜蛾科 Noctuidae 杂夜蛾亚科 Amphipyrinae。

17.2 合丝冬夜蛾 *Bombyciella sericea* Draudt, 1950（图版 31:7）

形态特征：翅展 25~27 mm。头部棕黄色；触角棕褐色。胸部、领片和肩板棕黄色。腹部青灰色。前翅青灰色，散布棕红色；基线黑色双线，波浪形弯曲，双线间灰黄色，内侧线较外侧线模糊；内横线黑色双线，双线间灰黄色，内侧线较外侧线明显；中横线仅在前缘区呈黑色块斑；外横线棕色至棕褐色双线，由前缘外向弧形弯曲至 Cu_1 脉，再略内向弧形弯曲至后缘，双线间灰黄色，外侧线外侧在前缘区伴衬黑色三角形斑；亚缘线模糊或不显；环状纹扁圆形，内部棕褐色，外侧灰黄色；肾状纹椭圆形，较底色淡，多青色，最内侧灰褐色条斑明显，其与环状纹间具有明显的黑色斑块；内横线区黑色；外横线区棕褐色，由前向后渐深。后翅灰白色，翅脉深灰色；外横线深灰色晕状细线，在褶脉内凹明显；亚缘线略显或不显。

分布：江西、浙江、湖南、福建。

注：根据新分类系统当前隶属夜蛾亚科 Noctuinae 木冬夜蛾族 Xylenini。

18 盗夜蛾亚科 Hadeninae

注：传统分类系统中的本亚科在当前新系统中隶属夜蛾科 Noctuidae，且降为一族级阶元；同时，本亚科原有种类划分入多个亚科。

18.1 红缘矢夜蛾 *Odontestra roseomarginata* Draudt, 1950（图版 31:8）

形态特征：翅展 29~33 mm。头部白色；触角棕褐色。胸部和肩板棕褐色；领片棕灰色，散布灰白色。腹部棕黄色。前翅黑色至黑褐色；基线呈断裂的黑色双线，双线间棕黄色；内横线呈外向弧形弯曲的黑色双线，双线间棕黄色至焦红色；中横线黑色双线，前缘有 2 个黑色点斑；外横线黑色双线，由前缘外斜至 M_1 脉，再内斜至后缘，双线间棕灰色；亚缘线灰白色至白色，由前缘内斜至 R_5 脉，再外斜至 R_5 脉之后，略外向弧形弯曲地内斜至 2A

脉后外斜至后缘；外缘线灰褐色，略波浪形；环状纹呈外斜小灰黄色外框，内部棕红色；肾状纹呈内斜的棕黄色圆斑；楔状纹呈黑色三角形斑，其外侧在中、外横线区可见外斜灰黄色条斑；后缘区在中、外横线区内呈明显的焦红色和灰黄色条斑。后翅棕褐色，由内至外渐深；外缘线灰黄色；外缘在 M_2 脉略内凹。

分布：江西、浙江、湖南、四川。

注：根据新分类系统当前隶属夜蛾亚科 Noctuinae 盗夜蛾族 Hadenini。

18.2 红棕灰夜蛾 *Sarcopolia illoba* (Butler, 1878)（图版 32:1）

形态特征：翅展 38~41 mm。头部深棕褐色；触角棕黄色。胸部、领片和肩板深棕褐色。腹部棕灰色至棕色。前翅深棕褐色至深棕红色，散布黑褐色；基线黑褐色双线，双线间同底色；内横线黑褐色双线，双线间同底色，内侧线模糊，外侧线明显；中横线仅在前缘区可见宽晕带；外横线黑褐色双线，双线间色淡，外侧线模糊，内侧线明显，中部翅脉上略齿形；亚缘线淡棕红色细线，略弯曲内斜，内侧前缘区外伴衬深黑褐色；外缘线灰黄色；环状纹和肾状纹呈圆形，内部色较底色略淡；楔状纹呈晕状深黑褐色块斑；内横线区和亚缘线区色淡。后翅棕黄色至棕褐色，由内至外渐深；外缘线灰黄色；新月纹隐约可见晕状点斑。

分布：江西、黑龙江、吉林、辽宁、陕西、河北、山东、江苏、浙江、福建、台湾；朝鲜、韩国、日本、俄罗斯、印度。

注：《中国动物志》（夜蛾科）中将本种归入"灰夜蛾属 *Polia* Ochsenheimer, 1816"，并给出中文种名"红棕灰夜蛾"；Sugi（1982）根据本种新建属"*Sarcopolia*"，在此对其归属予以更正。根据新分类系统当前隶属夜蛾亚科 Noctuinae 盗夜蛾族 Hadenini。

18.3 掌夜蛾 *Tiracola plagiata* (Walker, 1857)（图版 32:2）

形态特征：翅展 53~60 mm。个体变异较大。头部、胸部、领片深棕黄色，肩板浅棕黄色。腹部淡棕红色。前翅棕灰色至青灰色；基线棕黑色，内斜短线；内横线棕黑色，由前缘略外斜，中室后缘弧形内斜；中横线棕黑色，在前缘区略可见；外横线多仅在翅脉上呈细小黑色点斑列；亚缘线多灰黄色，R_5 脉前模糊，其后波浪形内斜；外缘线多同底色，内侧翅脉间伴衬棕褐色点斑列；外缘线区淡棕红色，M_3 脉前较深；基线至外横线间的前半部淡棕红色至棕色；环状纹多不显；肾状纹呈黑褐色不规则大圆斑，散布棕红色。后翅前缘区灰黄色，其余部分棕褐色；横线和新月纹不显；外缘线灰黄色，内侧在 Rs 脉和 2A 脉间的翅脉间伴衬黑色小点斑。

分布：江西、山东、浙江、湖南、福建、海南、四川、云南、西藏、台湾；泰国、老挝、越南、缅甸、斯里兰卡、菲律宾、马来西亚、印度尼西亚、印度、巴布亚新几内亚；大洋洲。

注：根据新分类系统当前隶属夜蛾亚科 Noctuinae 粘夜蛾族 Leucaniini。

18.4 金掌夜蛾 *Tiracola aureata* Holloway, 1989（图版 32:3）

形态特征：翅展 55~63 mm。个体变异较大。头部灰白色；触角棕褐色。胸部、领片和肩板灰黄色。腹部亮灰白色。前翅棕灰色，基大半部散布淡棕红色，翅脉灰白色；基线在 Sc 脉前淡棕灰色外斜，其后黑色内斜；内横线黑色，外向弧形弯曲，中室前、后缘和 2A 脉内凹明显；中横线在中室后缘前黑色外斜，之后深棕色内斜；外横线黑色，由前缘外向弧形弯曲至后缘，在翅脉上外突成角，尖端黑色明显；亚缘线灰黄色，较纤细，在前缘区的外侧伴衬黑色小点；外缘线灰白色，内侧在翅脉间伴衬黑色点斑列；外缘饰毛呈锯齿状；环状纹青灰色小环；肾状纹黑色圆斑，内部深棕红色。后翅伴衬棕黑色；基部至外横线间前半部呈深棕红色至棕色；中横线前半部、肾状纹、前缘和外横线组成近似三角形块斑。后翅前缘灰黄色至淡黄色，其余部分深棕褐色；外缘线灰黄色，内侧在 Sc+R$_1$ 和 Cu$_2$ 脉间的翅脉间伴衬黑色小点斑；2A 脉前凹陷明显。

分布：江西、西藏、台湾；韩国、日本、泰国、老挝、越南、菲律宾、马来西亚、印度尼西亚、巴布亚新几内亚、印度、尼泊尔。

注：根据新分类系统当前隶属夜蛾亚科 Noctuinae 粘夜蛾族 Leucaniini。江西省新记录种。

18.5 秘夜蛾 *Mythimna turca* (Linnaeus, 1761)（图版 32:4）

形态特征：翅展 40~43 mm。个体变异较大。头部灰白色；触角棕黄色。胸部和肩板棕灰色至棕黄色；领片棕黄色至橘黄色。腹部棕灰色。前翅棕黄色；基线烟黑色内斜短线；内横线烟黑色，外向弧形弯曲；中横线模糊；外横线烟黑色，较模糊；亚缘线烟黑色波浪形内斜；外缘线亮棕黄色细线；环状纹模糊；肾状纹黄白色至白色弯月形斑。后翅青灰色至淡灰色；外缘线淡棕黄色，M$_2$ 脉微内凹。

分布：江西、黑龙江、吉林、辽宁、北京、山东、湖北、湖南、四川；朝鲜、韩国、日本、蒙古；中亚地区、高加索地区、欧洲。

注：根据新分类系统当前隶属夜蛾亚科 Noctuinae 粘夜蛾族 Leucaniini。

18.6 曲秘夜蛾 *Mythimna sinuosa* (Moore, 1882)（图版 32:5）

形态特征：翅展 34~36 mm。个体变异略大。头部灰黄色至黄色；触角基部颜色同头部，其余部分黑褐色。胸部和肩板灰黄色至淡黄色；领片橘红色，外缘色深。腹部亮淡黄色。前翅灰黄色至淡黄色；基线黑色，在前缘略显；内横线在前缘呈黑色点斑，中室内至楔状纹呈棕黑色，其后纤细的棕色线，在 2A 脉上内向成角明显；中横线仅在前缘隐约略显；外横线黑色波浪形外向弯曲纤细线；亚缘线前缘可见一小点斑，其余不显；外缘线棕黑色纤细线，内侧翅脉间伴衬黑色点斑列；饰毛黑色和灰黄色至淡黄色相间；环状纹外框黑褐色核形，内部棕黄色；肾状纹外框为黑褐色腰果形，内部棕红色；楔状纹外框黑褐色小三角形，内部棕红色；中室后缘外半部银白色，有些个体延伸至外横线；基纵线条形，具黑褐色外框；肾状纹外侧至外缘线棕红色明显；翅脉间散布深棕黄色纵条。后翅棕黄色；新月纹深褐色晕状半圆斑。

分布：江西、浙江、福建、四川、台湾；泰国、越南、印度、尼泊尔、巴基斯坦。

注：根据新分类系统当前隶属夜蛾亚科 Noctuinae 粘夜蛾族 Leucaniini。

18.7 辐秘夜蛾 *Mythimna radiata* (Bremer, 1861)（图版 32:6）

形态特征：翅展 31~34 mm。头部灰黄色至黄色；触角棕黄色。胸部和肩板灰黄色，后者略色淡；领片棕黄色。腹部灰白色。前翅灰黄色至米黄色，翅脉灰白色，翅脉间散布棕黄色纵纹；基线仅在前缘呈一黑色小点斑；内横线黑色，由 3~5 个小点斑组成；中横线黑色，仅在前缘和中室后端呈一黑色小点斑；外横线由 7~10 个小点斑组成，个体差异较大；亚缘线不显；外缘线同底色，内侧伴衬黑色小点斑列；中室色亮；外缘线区至外横线区间由顶角呈一内斜亮条纹；环状纹模糊；肾状纹亮黄色，边界不明显；中室前、后缘色深。后翅前缘淡黄色，其余部分烟褐色，散布金属光泽；外缘线淡黄色，内侧 Cu$_2$ 脉前翅脉间伴衬细小黑色点斑列。

分布：江西、黑龙江、吉林、湖南；朝鲜、韩国、日本、俄罗斯、越南、泰国、老挝、印度、尼泊尔、巴基斯坦。

注：《中国动物志》（夜蛾科）中误将此种划入"研夜蛾属 *Aletia* Hübner, [1821]1816"，在此予以更正。根据新分类系统当前隶属夜蛾亚科 Noctuinae 粘夜蛾族 Leucaniini。江西省新记录种。

18.8 单秘夜蛾 *Mythimna simplex* (Linnaeus, 1889) （图版 32:7）

形态特征：翅展 31~37 mm。头部灰白色至米灰色；触角灰色。胸部和肩板灰黄色至浑黄色；领片米灰色；腹部亮米黄色。前翅米黄色，由内至外渐深，散布黑褐色细小颗粒；基线由 3~4 个黑褐色细小点斑组成；内横线由 7~10 个黑褐色细小点斑组成，有些个体模糊；中横线在 Cu_1 脉前可见 4~5 个细小黑色点斑，较明显；外横线由 7~10 个黑褐色细小点斑组成，在 Cu_1 脉前较明显；亚缘线由翅脉间的 7 个左右黑褐色细小点斑组成；外缘线淡黄色细线；环状纹和肾状纹隐约可见晕状块斑，有些个体不显；前缘区灰色明显。后翅灰白色至白色，外半部 Rs 至 Cu_2 脉间烟褐色明显；外缘 M_2 脉略凹明显。

分布：江西、吉林、湖北、湖南；朝鲜、韩国、日本、俄罗斯、越南、泰国。

注：《中国动物志》（夜蛾科）中根据此种的误归属 "*Aletia simplex* Sugi, 1982" 将其划入 "研夜蛾属 *Aletia* Hübner, [1821]1816"，在此予以更正。根据新分类系统当前隶属夜蛾亚科 Noctuinae 粘夜蛾族 Leucaniini。

18.9 黄斑秘夜蛾 *Mythimna flavostigma* (Bremer, 1861) （图版 32:8）

形态特征：翅展 33~36 mm。头部至腹部黄白色至灰黄色，领片色略深；触角黄灰色。前翅深米黄色，散布棕褐色细小颗粒；基线为密集细小的棕褐色点斑组成的模糊条带，在 2A 脉外斜；内横线由棕色小晕斑组成，略外向弧形弯曲；中横线仅在环状纹和肾状纹间呈棕色；外横线棕色，由前至后渐粗，前缘区外斜，Sc 脉后波浪形内斜，且翅脉上色淡；亚缘线棕色，由外缘近顶角处微波浪形内斜至臀角，内侧伴衬灰黄色；外缘线白色；环状纹米黄色圆斑；肾状纹米黄色扁圆形，中央具有一前一后棕黄色和黑色小点斑；楔状纹米黄色晕状点斑。后翅亮青灰色；翅脉黑褐色；后缘淡黄色；新月纹晕状小点斑。

分布：江西、黑龙江、吉林、江苏、浙江、湖南、福建、云南；朝鲜、韩国、日本、俄罗斯、越南、泰国、斯里兰卡、新加坡、马来西亚、印度尼西亚、菲律宾、巴布亚新几内亚、印度。

注：《中国动物志》（夜蛾科）中误将本种划入 "研夜蛾属 *Aletia* Hübner, [1821]1816"，在此予以更正。根据新分类系统当前隶属夜蛾亚科 Noctuinae 粘夜蛾族 Leucaniini。

18.10 崎秘夜蛾 *Mythimna salebrosa* (Butler, 1878) （图版 33:1）

形态特征：翅展 29~35 mm。头部灰白色至白色；触角灰黄色。胸部和领片灰白色，散布白色；肩板灰黄色至米灰色。前翅淡米黄色，翅脉灰白色至白色，翅脉间为深米黄色和淡褐色相间的纵纹；内横线由 3~4 个黑褐色至褐色细小点斑组成；中横线不显；外横线由棕褐色小颗粒状鳞片组成；亚缘线不显；外缘线米黄色，内侧翅脉间伴衬棕褐色点斑列；环状纹较底色淡，较模糊；肾状纹模糊；中室后缘内、外侧伴衬明显的棕褐色斑，端部呈明显的白色斑；外缘线区在 M$_3$ 脉前呈淡棕色三角形斑。后翅棕灰色，前缘区灰色；外缘 M$_2$ 脉略凹陷；外缘线米黄色，内侧翅脉间伴衬褐色细小斑列。

分布：江西、黑龙江、吉林、湖北、浙江、福建、四川、台湾；朝鲜、韩国、日本。

注：《中国动物志》（夜蛾科）中误将本种划入"研夜蛾属 *Aletia* Hübner, [1821]1816"，在此予以更正。根据新分类系统当前隶属夜蛾亚科 Noctuinae 粘夜蛾族 Leucaniini。

18.11 粘虫 *Mythimna separata* (Walker, 1865)（图版 33:2）

形态特征：翅展 36~40 mm。个体变异较大。头部黄褐色；触角褐色。胸部黄褐色；领片灰褐色。腹部灰色。前翅狭长，黄褐色至灰褐色；基线不明显；内横线不明显；中横线不明显；外横线黑色点状隐约可见，由前缘斜向外呈外向弧形弯曲，其后内斜至后缘；亚缘线隐约可见翅脉上细小点斑，有些个体缺失；外缘线为较底色淡的细线，内侧伴衬翅脉间黑色小点斑列；饰毛黑褐色至底色；环状纹较底色淡，呈一小圆形斑，隐约可见；肾状纹具较底色略淡的圆斑，后侧白色小点斑明显；顶角与外缘线间具一黑色至烟黑色内斜条纹。后翅黄褐色，由内至外渐深；新月纹隐约可见点斑；外缘区褐色明显；饰毛米黄色至褐色；翅脉棕褐色。

分布：除新疆之外全国各地；朝鲜、韩国、日本、俄罗斯、印度尼西亚、菲律宾、印度、尼泊尔、巴基斯坦、阿富汗、澳大利亚、新西兰。

注：根据新分类系统当前隶属夜蛾亚科 Noctuinae 粘夜蛾族 Leucaniini。

18.12 后案秘夜蛾 *Mythimna postica* (Hampson, 1905)（图版 33:3）

形态特征：翅展 33~35 mm。个体颜色具有差异。头部灰色；触角灰褐色。胸部黄灰色；领片灰褐色；肩板黄灰色，边缘灰褐色。腹部褐色。前翅翅脉白色至灰白色，翅脉间米黄色和黑色纵线；基线和中横线不显；内横线在后缘区可见 1~2 个黑色小点斑；外横线由约10 个黑色小点斑组成；亚缘线在 R$_5$ 和 M$_2$ 脉间可见 2 个黑色小点斑；外缘线灰色，内侧伴衬翅脉间细小黑色点斑列；环状纹不显；肾状纹黄棕色，近圆形斑，内侧烟黑色晕状可见；中室内可见 2~3 条黑色纵纹；顶角至外横线呈一浑黄色内斜条斑；后缘区烟褐色明显。后翅烟黑色，由内至外渐深；外缘线亮黄色；外缘 M$_2$ 脉略凹。

分布：江西、黑龙江、吉林、西藏；朝鲜、韩国、日本、俄罗斯。

注：《中国动物志》（夜蛾科）中误将本种划入"案夜蛾属 *Analetia* Calora, 1966"，在此予以更正。根据新分类系统当前隶属夜蛾亚科 Noctuinae 粘夜蛾族 Leucaniini。

18.13 白点粘夜蛾 *Leucania loreyi* (Duponchel, 1827)（图版 33:4）

形态特征：翅展 30~36 mm。个体颜色具有差异。头部灰白色至白色；触角灰色。胸部、领片和肩板黄灰色。腹部棕褐色。前翅黄灰色至米灰色，翅脉黑色和褐色可见；基线不显；内横线黑色，Sc 脉和中室后缘之后略见 2 个黑色小点斑；中横线仅前缘区可见黑色点斑；外横线在翅脉上可见黑色小点斑列，由前缘外斜至 R4 脉，再外向弧形内斜至后缘；亚缘线不明显，有些个体可略见较底色略淡的细线；外缘线黄色细线，内侧伴衬翅脉间细小黑色点斑列；环状纹不显；肾状纹隐约可见较底色略深的扁圆斑，后端白色点斑明显；基纵线黑色线条明显；由顶角内斜较底色淡的条纹与中室端相连，二者后侧棕黄色较深。后翅白色至黄白色，前、后缘淡黄色明显；翅脉灰褐色明显；外缘 M2 脉略凹。

分布：江西、黑龙江、吉林、台湾，以及华中、华东、华南地区；朝鲜、韩国、日本、俄罗斯、泰国、越南、斯里兰卡、孟加拉国、印度、尼泊尔、巴基斯坦；东南亚多地域、地中海东部与南部区域、非洲。

注：根据新分类系统当前隶属夜蛾亚科 Noctuinae 粘夜蛾族 Leucaniini。

18.14 淡脉粘夜蛾 *Leucania roseilinea* Walker, 1862（图版 33:5）

形态特征：翅展 30~32 mm。头部和触角黄灰色。胸部、肩板黄灰色；领片棕黄色。腹部橘黄色至橘色或深黄灰色。前翅黄灰色，散布棕黄色；翅脉多呈烟黑色至棕色双线，双线间灰白色至棕黄色；基线仅在前缘呈一小褐色点斑；内横线由外斜的黑褐色小点斑组成；中横线不显；外横线由翅脉上黑褐色小点斑列组成，由前缘外斜至 R4 脉，再略外向弧形弯曲至后缘；亚缘线不显；外缘线呈较底色略淡的细线，内侧翅脉间伴衬黑褐色细小点斑列；顶角至外横线可见内斜较底色略淡的条线；中室后缘白色，内、外侧伴衬烟黑色；中室淡红棕色较明显；环状纹灰白色小圆斑；肾状纹晕状红棕色，较模糊。后翅白色至灰白色，前、外缘淡黄色明显；翅脉黄色可见；外缘 M2 和 2A 脉前略凹陷。

分布：江西、江苏、福建、广东、海南；印度、斯里兰卡、新加坡、马来西亚。

注：根据新分类系统当前隶属夜蛾亚科 Noctuinae 粘夜蛾族 Leucaniini。

18.15 毛健夜蛾 *Brithys crini* (Fabricius, 1775)（图版 33:6）

形态特征：翅展 34~36 mm。头部和触角黑色至黑褐色。胸部、领片和肩板黑色至黑褐色，散布棕色，前者中央两侧深黑色纵条纹明显。腹部黑褐色至黑色。前翅基半部烟黑色，外半部多灰白色；基线黑色短线；内横线深黑色，外向弧形波浪形弯曲至中室前缘之后，内、外侧伴衬灰白色；中横线深黑色，仅在前缘略见；外横线深黑色，在翅脉上呈纵条斑，中间烟黑色相连；亚缘线棕黄色至淡黄褐色，波浪形内斜；外缘线黑色，内侧伴衬翅脉上的条斑列；环状纹灰白色小圆斑；肾状纹灰白色至黄白色；外缘线区和亚缘线区黄白色明显；前缘区和内横线至基部烟黑色。后翅白色，前缘区烟褐色；外缘线深烟褐色。

分布：江西、广西、云南；朝鲜、韩国、日本、泰国、缅甸、越南、菲律宾、斯里兰卡、新加坡、印度尼西亚、尼泊尔、印度、澳大利亚、巴布亚新几内亚、马达加斯加；欧洲、非洲。

注：根据新分类系统当前隶属夜蛾亚科 Noctuinae 健夜蛾族 Glottulini。

18.16 克夜蛾 *Clavipalpula aurariae* (Oberthür, 1880)（图版 33:7）

形态特征：翅展 40~44 mm。头部、触角、胸部、领片和肩板棕褐色。腹部淡棕褐色。前翅青棕色，散布灰色，翅脉黄色；基线黑色双线，双线间黄色，内、外侧线中部断裂成 4 块斑；内横线黑色双线，双线间黄色至灰黄色，内横线较淡；中横线黑色，前缘区可见烟黑色块斑；外横线双线，双线间同底色，外侧线烟黑色较模糊，由前缘外斜至 R_4 脉后略平直后伸至 M_3 脉，再略内向弧形内斜至后缘；亚缘线由翅脉间黑色和黄灰色相间的点斑组成，前缘区斑块较大；外缘线黄色波浪形弯曲；外缘波浪形；环状纹近似草履形，外框黄色，内部同底色；肾状纹外框黄色的近似拇指形，内部棕红色；中、外横线区除前缘区近似同底色外，均为深黑色。后翅淡黄褐色，由内至外渐深，翅脉灰黄色；新月纹晕状烟黑色圆斑；外横线灰黄色，在 M_3 脉略有外突角；外缘线灰黄色波浪形弯曲；外缘波浪形；饰毛棕黄色。

分布：江西、黑龙江、吉林、辽宁；朝鲜、韩国、日本、俄罗斯。

注：根据新分类系统当前隶属夜蛾亚科 Noctuinae 梦妮夜蛾族 Orthosiini。

19 夜蛾亚科 Noctuinae

注：传统分类系统中的本亚科在当前新系统中隶属夜蛾科 Noctuidae，且降为一族级阶

元，原来包含的种类多归入此族；从新的亚科阶元来讲，其包含了更多的族、属和种。

19.1 朽木夜蛾 *Axylia putris* (Linnaeus, 1761)（图版 33:8）

形态特征：翅展 28~30 mm。个体条纹变化较大。头部褐黄色；触角黑褐色。胸部黑色，散布褐黄色；领片褐黄色，后缘黑色；肩板褐黄色至烟黑色相间。腹部黄褐色至棕褐色。前翅淡褐黄色至米黄色，前缘区暗黑色明显，翅脉间散布较底色深的纵条线；基线黑色双线，前缘区外斜，其余部分略弯曲，双线间同底色；内横线黑色双线，大波浪状，内侧线较淡，外侧线明显；中横线不明显；外横线黑色双线，呈外向圆弧形弯曲，内侧线波浪形弯曲，外侧线在翅脉上呈条斑，由前缘外向延伸至 R_4 脉，再略外向弧形弯曲内斜；亚缘线不明显；外缘线同底色，内侧伴衬翅脉间黑色小点斑列；饰毛同底色；环状纹为一黑色外框的眼斑；肾状纹外框黑色圆瞳形，内部黑色明显；外缘区在 R_5 至 M_2 脉间烟黑色条纹明显。后翅灰色至灰黄色；新月纹隐约可见晕状小块斑；外缘线淡黄色，内侧伴衬黑色至烟黑色；外缘 M_2 脉处略凹陷。

分布：江西、黑龙江、吉林、北京、河北、新疆、甘肃、青海、宁夏、山西、山东、安徽、江苏、上海、浙江、福建、四川；朝鲜、韩国、日本、俄罗斯、印度尼西亚、印度；欧洲。

注：根据新分类系统当前隶属夜蛾亚科 Noctuinae 夜蛾族 Noctuini。

19.2 歹夜蛾 *Diarsia dahlii* (Hübner, [1813])（图版 34:1）

形态特征：翅展 30~37 mm。个体颜色差异较大。头部棕红色至红褐色；触角棕褐色。胸部、领片、肩板和腹部棕红色至红褐色。前翅棕红色至红褐色，散布烟褐色；基线黑褐色内斜双线，双线间同底色；内横线黑褐色双线，略波浪形弯曲，双线间同底色，内侧线较外侧线略粗；中横线晕状黑褐色粗线；外横线黑褐色双线，由前缘外向弧形弯曲至 Cu_1 脉，再内向弧形弯曲至后缘；亚缘线浅黄色至黄红色细线，在 R_4 脉前内折明显；外缘线浅黄色至黄红色，内侧伴衬一列小黑点列；饰毛黄褐色；环状纹深褐色圆形，内部色较底色略淡；肾状纹外框暗褐色腰果形，内部色较底色略淡；外横线区和亚缘线区烟黑褐色明显。后翅黄褐色至棕褐色，由内至外略深；新月纹晕状深褐色点斑；外缘线亮黄色；饰毛淡黄色。

分布：江西、山东、黑龙江、新疆、青海、山西、四川、云南；俄罗斯、朝鲜、韩国、日本；欧洲。

注：根据新分类系统当前隶属夜蛾亚科 Noctuinae 夜蛾族 Noctuini。

19.3 灰歹夜蛾 *Diarsia canescens* (Butler, 1878)（图版 34:2）

形态特征：翅展 37~42 mm。个体颜色差异较大。头部黄褐色，散布杏黄色；触角棕褐色。胸部、领片和肩板深红棕色，领片后缘橘黄色明显。腹部棕灰色至棕黄色。前翅红棕色至红褐色；基线黑褐色双线，2A 脉前可见，双线间同底色；内横线深红棕色双线，双线间同底色，内侧线波浪形弯曲，中室前缘和褶脉外突明显，外侧线较淡；中横线深棕褐色晕状粗线，由前缘外斜至中室后缘，再内斜至后缘；外横线深棕褐色波浪形双线，双线间较底色略淡，外侧线较模糊，内侧线较明显，在翅脉上略呈锯齿形；亚缘线浅黄色至灰黄色，波浪形弯曲，在 R_5 脉内斜明显；外缘线较亚缘线色淡，内侧翅脉间伴衬小三角形暗红棕色点列；饰毛同底色或较底色淡；环状纹具有黑褐色外框，内部较底色淡；肾状纹褐黄色至棕黄色，近似月牙形；环状纹和肾状纹间深黑褐色圆斑明显；外缘线区和亚缘线区棕红色明显，后者 M_2 脉前呈深黑褐色条斑。后翅黄棕色至黄褐色，由内至外渐深，翅脉暗褐色；新月纹晕状褐色；外缘线至饰毛黄褐色。

分布：江西、黑龙江、辽宁、内蒙古、山东、新疆、青海、河北、河南、湖北、四川、台湾；朝鲜、韩国、日本、俄罗斯、印度、巴基斯坦。

注：根据新分类系统当前隶属夜蛾亚科 Noctuinae 夜蛾族 Noctuini。

19.4 赭尾歹夜蛾 *Diarsia ruficauda* (Warren, 1909)（图版 34:3）

形态特征：翅展 33~37 mm。个体颜色差异较大。头部棕色至棕黄色；触角棕褐色。胸部棕色至棕黄色，中央黑褐色；领片和肩板棕色至棕黄色。腹部棕红色。前翅棕褐色，散布棕红色；基线黑褐色双线，双线间棕灰色；内横线为黑褐色波浪形外斜双线，双线间棕灰色；中横线烟黑褐色，由前缘外斜至 Cu_1 脉，再略内向弧形弯曲至后缘；外横线黑褐色波浪形双线，由前缘外斜至 R_5 脉，再内斜至后缘，双线间棕褐色，内侧线中部略锯齿形，外侧线较模糊，略有断裂；亚缘线为较底色略淡的纤细线，在 M_1 脉成角明显；外缘线黄色细线；环状纹为烟褐色小圆斑，内部灰色；肾状纹为外框黑褐色圆斑，内部同底色；亚缘线区在 M_2 脉前呈烟灰色块斑。后翅黄褐色至灰褐色，前缘和外缘区色深；新月纹晕状，呈黄褐色至灰褐色点斑；外缘线黄色；饰毛同底色。

分布：江西、黑龙江、江苏、浙江、湖南、福建、云南；朝鲜、韩国、日本、俄罗斯。

注：根据新分类系统当前隶属夜蛾亚科 Noctuinae 夜蛾族 Noctuini。

19.5 华长扇夜蛾 *Sineugraphe oceanica* (Kardakoff, 1928)（图版 34:4）

形态特征：翅展 48~51 mm。头部褐色至黄灰色；触角棕褐色。胸部红棕色至黄褐色。腹部黄褐色至灰褐色。前翅红褐色至红棕色；基线褐色外斜；内横线多黑褐色，较模糊，前缘、中室后和后缘呈较明显点斑；中横线不显；外横线黑色较模糊双线，由前缘外斜至 R_5 脉基部，再内斜至后缘；亚缘线浅黄色，波浪形内斜；外缘线灰黄色细线；环状纹为略同底色的圆斑；肾状纹大腰果形，中央呈黄灰色 ">" 形，与环状纹间深棕红色块斑明显；亚缘线区红色较浓；楔状纹仅端部呈黑色小点斑。后翅青棕色，散布金属光泽；新月纹晕状褐色；外缘线土黄色；外缘 M_2 脉略凹。

分布：江西、黑龙江、吉林、山东、江苏、浙江；朝鲜、韩国、日本、俄罗斯。

注：《中国动物志》（夜蛾科）中引用其同物异名"*Sineugraphe longipennis sinensis* Boursin, 1948"，在此予以更正。根据新分类系统当前隶属夜蛾亚科 Noctuinae 夜蛾族 Noctuini。

19.6 八字地老虎 *Xestia c-nigrum* (Linnaeus, 1758)（图版 34:5）

形态特征：翅展 29~36 mm。头部和触角黑褐色。胸部红棕色，中央两侧具有黑色纵条形；领片前大部淡黄色，后缘黑色；基部前端黑色，其余部分红棕色。腹部黄褐色至灰褐色。前翅棕灰色至烟褐色；基线黑色双线，双线间较宽，且中室之后呈深黑色块斑；内横线黑色双线，略波浪形弯曲，双线间青灰色至淡棕灰色，2A 脉外突明显；中横线不显；外横线黑色双线，双线间同底色，前缘内斜的短条斑粗壮，其后至 R_5 脉前有断裂，内侧线波浪形弯曲明显，外侧线多在翅脉上可见小点斑列；亚缘线灰黄色纤细，R_5 脉前内斜明显，其后波浪形内斜；外缘线黄色，内侧伴衬黑色条列；肾状纹腰果形，外框黑色，内部棕褐色，密布黄白色至淡黄色线条，外侧伴衬黑色晕条；环状纹和肾状纹间呈深黑色内斜略楔形斑；中、外横线区米黄色至灰黄色明显；楔状纹黑色尖锐剑形，基部略显小白斑；亚缘线区外侧前缘具有黑色内斜条斑；基部至内横线烟黑色，密布青白色。后翅米黄色至淡黄色，前、外缘区黄褐色；新月纹隐约可见小晕斑。

分布：全国各地；朝鲜、韩国、日本、俄罗斯、蒙古、尼泊尔、印度、巴基斯坦、哈萨克斯坦；欧洲、北非、北美洲。

注：根据新分类系统当前隶属夜蛾亚科 Noctuinae 夜蛾族 Noctuini。

19.7 前黄鲁夜蛾 *Xestia stupenda* (Butler, 1878)（图版 34:6）

形态特征：翅展 48~52 mm。头部黑色至黑褐色；触角棕褐色。胸部棕褐色至黑褐色；领片棕黄色至米黄色，后缘淡黄色；肩板前棕黄色，其余部分棕黑色。腹部橘黄色，节间黑褐色至烟黑色。前翅棕黑色；前缘区基部至外横线呈米黄色条斑；基线黑色内斜双线，双线间米黄色；内横线呈波浪形弯曲的黑色双线，双线间米黄色；中横线不显；外横线黑色双线，由前缘外斜至 Cu_2 脉，再内向弧形弯曲至后缘，双线间米黄色，外侧线略粗；亚缘线黑色波浪形弯曲，由前缘内斜至 M_3 脉，再略外向弧形内斜至后缘；外缘线纤细米黄色细线，内侧伴衬波浪形黑色线；环状纹外框呈淡米黄色的扁圆形，内部灰棕色，中央具有黑色条纹；肾状纹外框呈"8"字形，淡米黄色，内部灰棕色，中央具有 2 条黑色条纹；楔状纹黑色块斑；外横线内侧伴衬棕黄色；环状纹和肾状纹间深黑色。后翅米黄色至淡黄色，前、外缘区黄褐色；新月纹黑褐色晕状条斑；饰毛米黄色至淡黄色。

分布：江西、黑龙江、吉林、陕西、河北、江苏、浙江、湖南、广东、西藏；朝鲜、韩国、日本、俄罗斯、蒙古、哈萨克斯坦。

注：根据新分类系统当前隶属夜蛾亚科 Noctuinae 夜蛾族 Noctuini。

19.8 茶色狭翅夜蛾 *Hermonassa cecilia* Butler, 1878（图版 34:7）

形态特征：翅展 32~35 mm。头部红褐色，散布黑色；触角黑褐色。胸部黑褐色；领片和肩板红棕色至橘红色。腹部灰棕色至橘红色。前翅棕红色至橘红色，散布灰黑色；基线黑色双线，双线间同底色，外侧线多断裂；内横线黑色双线，双线间较底色明显；中横线由大小不一的黑色圆斑组成；内侧线黑色双线，多不连续，较模糊，双线间同底色；亚缘线黑色，较模糊，前缘内侧伴衬明显的黑色块斑；外缘线橘黄色，内侧翅脉间伴衬细小黑色点列；环状纹外框橘黄色圆斑，内部深黑色；肾状纹外框橘黄色半圆形，内部深黑色；楔状纹长棒形，外框橘黄色，内部深黑色；外缘线区为棕黄色宽带。后翅黄褐色至黄白色，由内至外渐深，外半部散布深褐色；新月纹晕状点斑；外缘线橘黄色纤细；外缘 M_2 脉略凹。

分布：江西、吉林、四川、西藏；朝鲜、韩国、日本、俄罗斯。

注：根据新分类系统当前隶属夜蛾亚科 Noctuinae 夜蛾族 Noctuini。

19.9 褐宽翅夜蛾 *Naenia contaminata* (Walker, 1865)（图版 34:8）

形态特征：翅展 42~46 mm。头部至腹部灰褐色。腹部棕褐色。前翅灰褐色；基线黑色波浪形双线，双线间同底色；内横线黑色内斜双线，不连续，双线间同底色；中横线仅在前缘具黑色点斑；外横线黑褐色至深褐色波浪形双线，由前缘外向弧形弯曲至 M_2 脉，再内斜至后缘；亚缘线棕褐色，略波浪形弯曲，双线间同底色；外缘线较底色略淡，内侧翅脉间伴衬小三角形斑列；环状纹内、外端外框黑色，内部同底色；肾状纹蚕豆形，外框略见黑色，内部棕色略深，与环状纹间烟黑色块斑明显；基纵线黑色条纹可见。后翅棕黄色至橘黄色，外半部棕褐色明显；新月纹呈晕状棕褐色点斑；饰毛黄色；外横线棕褐色细线，较模糊。

分布：江西、黑龙江、江苏、上海、四川；朝鲜、韩国、日本、俄罗斯。

注：根据新分类系统当前隶属夜蛾亚科 Noctuinae 夜蛾族 Noctuini。

19.10 小地老虎 *Agrotis ipsilon* (Hufnagel, 1766)（图版 35:1）

形态特征：翅展 39~50 mm。个体差异较大。头部黄褐色至黑褐色；触角黑色至黑褐色。胸部黄褐色至烟黑色。腹部棕黄色至黄灰色。前翅黑褐色至烟黑色；基线烟黑色双线，较模糊，前缘区可见，双线间灰黄色；内横线深褐色至烟黑色双线，波浪形弯曲，双线间前半部同底色，后半部灰黄色明显；中横线深黑褐色外向弧形；外横线烟黑色至深烟褐色双线，略外向弧形弯曲，双线间灰色；亚缘线黄色，由前缘呈波浪形内斜，其外侧顶角区具一内斜黄斑；外缘线米黄色，内侧伴衬棕褐色细条线；饰毛黄色与烟黑色相间；环状纹晕状烟黑色小圆斑；肾状纹外框黑色，蚕豆形，内部同底色，内侧有一深黑色弯条，外框内、外伴衬深黑色条线；楔状纹具黑色外框的小剑纹；亚缘线区和外缘线区在 M_{1-2} 和 M_{2-3} 间具黑色内向小剑纹；亚缘线区 M_1 脉后色淡。后翅黄白色至灰白色；翅脉棕褐色明显；前、外和后缘区棕褐色明显；饰毛淡黄色。

分布：世界性分布。

注：根据新分类系统当前隶属夜蛾亚科 Noctuinae 夜蛾族 Noctuini。

19.11 大地老虎 *Agrotis tokionis* Butler, 1881（图版 35:2）

形态特征：翅展 43~48 mm。个体差异较大。头部和触角黄褐色至棕褐色。胸部和肩板黑褐色至红褐色；领片色较淡。腹部多灰黄色至棕灰色。前翅棕褐色至棕黄色，前缘区基部至外横线烟黑色；基线黑褐色双线，双线间同底色；内横线黑褐色波浪形双线，双线间同底色；中横线晕状烟褐色弧形弯曲；外横线黑褐色至黑色波浪形双线，双线间同底色，内侧线较明显，外侧线后半部较模糊；亚缘线黄灰色，波浪形弯曲；外缘线由翅脉间黑色小点斑组成；环状纹烟黑色圆斑，外框黑色；肾状纹烟黑色蚕豆形，外框黑色，内、外侧伴衬黑色块斑；楔状纹具黑色外框的小剑纹，中央多具有黑色细条线；外缘线区烟黑色明显。后翅灰白色至灰黄色，前、外缘区棕褐色明显；饰毛米黄色至淡黄色。

分布：全国各地；朝鲜、韩国、日本、俄罗斯。

注：根据新分类系统当前隶属夜蛾亚科 Noctuinae 夜蛾族 Noctuini。

19.12 黄地老虎 *Agrotis segetum* ([Denis & Schiffermüller], 1775)（图版 35:3）

形态特征：翅展 35~42 mm。头部黄褐色至黑褐色；触角棕褐色至黑褐色。胸部灰褐色，散布灰白色；领片和肩板黑色，散布灰白色，边缘灰黄。腹部棕黄色。前翅灰色至烟棕色，前缘区密布烟黑色至黑色；基线黑色双线，双线间同底色；内横线黑色波浪形双线，双线间灰黄色；中横线多在前缘可见黑色块斑；外横线灰黄色；亚缘线黑色双线，双线间同底色，由前缘外向弧形弯曲至后缘，外侧线较内侧线明显；外缘线米黄色至淡黄色，内侧伴衬黑色条线或小点斑列；环状纹外框黑色，内部棕黄色，中央呈黑色圆斑；肾状纹外框黑色蚕豆形，内侧伴衬棕黄色，中央黑色。后翅灰白色至黄白色；翅脉黄褐色至灰褐色明显；新月纹可见晕状点斑；外缘线黑色至黑褐色；饰毛浅黄色至灰白色。

分布：全国除了西南地区均有分布；朝鲜、韩国、日本、俄罗斯、蒙古、尼泊尔、印度、哈萨克斯坦、乌克兰、白俄罗斯；波罗的海诸国、地中海东部与南部区域、东南亚地区、欧洲、非洲。

注：根据新分类系统当前隶属夜蛾亚科 Noctuinae 夜蛾族 Noctuini。

20 实夜蛾亚科 Heliothinae

注：传统分类系统中的本亚科在当前新系统中隶属夜蛾科 Noctuidae。

20.1 棉铃虫 *Helicoverpa armigera* (Hübner, 1808)（图版 35:4）

形态特征：翅展 33~36 mm。个体变异较大。头部至腹部棕红色至棕褐色，腹部前端灰黄色明显，触角黑褐色至棕褐色。前翅棕黄色至灰黄色；基线仅在前缘呈淡黄色点斑；内横线烟褐色至灰褐色双线，双线间同底色，内侧线波浪形明显，外侧线较模糊；中横线灰褐色，由前缘外斜至中室后缘，再内斜至后缘；外横线灰褐色波浪形双线，双线间同底色，内侧线较模糊，外侧线较明显，翅脉上外突成角，且具有白色小点斑，有些个体缺失；亚缘线烟褐色内斜波浪形，前缘区内斜明显；外缘线较底色深，内侧翅脉间伴衬黑色细小点斑列；环状纹小圆形斑；肾状纹晕状褐色半圆形斑；亚缘线区色略深。后翅基半部淡黄色至黄白色，外半部黑褐色至烟黑色，在 M_3-Cu_1 和 Cu_{1-2} 间可见淡黄色至黄白色斑块；新月纹黑褐色条线；外缘线黄色；饰毛浅棕黄色。

分布：全国各地；朝鲜、韩国、日本、俄罗斯、印度、澳大利亚、新西兰；高加索地区、东南亚地区、中亚地区、地中海东部与南部地区、欧洲。

20.2 烟青虫 *Helicoverpa assulta* (Guenée, 1852)（图版 35:5）

形态特征：翅展 27~35 mm。个体变异较大。头部、胸部、领片和肩板棕色至棕黄色，领片前缘褐色较深，后缘黄色较明显。腹部黄色至淡棕黄色。前翅黄色至棕黄色；基线棕褐色至深棕色双线，双线间同底色，波浪形弯曲至 2A 脉，后半部不明显；内横线棕褐色至深棕色双线，双线间同底色，内侧线缓波浪形，外侧线较内侧线色深，较大波浪形；中横线淡棕褐色，近似外向弧形弯曲；外横线棕褐色至深棕色双线，由前缘沿 Sc 脉外伸至 R_4 脉，再略外向弧形弯曲，双线略晕状，在近后缘相靠近；亚缘线淡棕褐色至淡棕色，波浪形内斜，尤其在前缘内斜强烈，Cu_1 脉外突明显；外缘线同底色或略淡，内侧在翅脉间伴衬黑色细小点斑列；亚缘线区色较底色略深；环状纹外框棕褐色的圆形，中央呈棕褐色点斑；肾状纹外框深棕褐色至深棕色马蹄形或近似蚕豆形，内侧密布棕褐色至深棕色；楔状纹末端多呈一棕褐色外向弧形，根据个体不同差异较大。后翅黄色至淡棕黄色；新月纹呈晕状棕褐色小条斑；外缘区烟棕褐色；饰毛黄白色至白色。

分布：全国各地；朝鲜、韩国、日本、俄罗斯、尼泊尔、印度、巴基斯坦、澳大利亚、新西兰、印度尼西亚；东南亚地区、地中海东部与南部地区。

20.3 焰暗实夜蛾 *Heliocheilus fervens* (Butler, 1881)（图版 35:6）

形态特征：翅展 26~29 mm。个体颜色差异略大。头部、胸部、领片、肩板红褐色。腹部红褐色和黑色相间，有些个体灰褐色。前翅棕褐色至红褐色；各横线多模糊不显，前缘区隐约可见暗色，仅内侧线隐约可见；环状纹和肾状纹烟黑色至黑色的晕状块斑；亚缘线区烟褐色至黑色；外缘线灰黄色；饰毛灰色；基纵线黑褐色至黑色。后翅黄灰色，前、后缘区和外缘线区烟黑色；新月纹黑色近半圆形；外缘线灰黄色；饰毛米黄色；外缘 M_2 脉和褶脉略凹。

分布：江西、黑龙江、新疆、河北、江苏、云南、西藏；朝鲜、韩国、日本、俄罗斯、巴基斯坦。

注：《中国动物志》（夜蛾科）中将本种归入"实夜蛾属 *Heliothis* Ochsenheimer, 1816"；根据 *Noctuidae Europaeae*（Vol. 11）等资料近年将本种归入"暗实夜蛾属 *Heliocheilus* Grote, 1865"。

参考文献

[1] 陈一心. 中国动物志 昆虫纲 第 16 卷 鳞翅目 夜蛾科[M]. 北京：科学出版社，1999.

[2] 方承莱. 中国动物志 昆虫纲 第 19 卷 鳞翅目 灯蛾科[M]. 北京：科学出版社，1999.

[3] 方育卿. 庐山蝶蛾志[M]. 南昌：江西高校出版社，2003.

[4] 丁冬荪. 桃红岭梅花鹿保护区昆虫名录[M]//刘信中. 江西桃红岭梅花鹿保护区. 北京：中国林业出版社，2000.

[5] 丁冬荪. 江西武夷山自然保护区昆虫名录[M]//刘信中，方福生. 江西武夷山自然保护区科学考察集. 北京：中国林业出版社，2001.

[6] 丁冬荪. 九连山自然保护区昆虫名录[M]//刘信中，肖忠优，马建华. 江西九连山自然保护区科学考察与森林生态系统研究. 北京：中国林业出版社，2002.

[7] 丁冬荪. 江西官山自然保护区昆虫名录[M]//刘信中，吴和平. 江西官山自然保护区科学考察与研究. 北京：中国林业出版社，2005.

[8] 丁冬荪. 庐山自然保护区昆虫名录[M]//刘信中，王琅. 庐山自然保护区生物多样性综合考察与研究. 北京：科学出版社，2010.

[9] 郭正福，廖菲菲，彭观地，等. 中国夜蛾科二新记录种及目夜蛾科大陆一新记录种记述（鳞翅目）[J]. 南方林业科学，2018，46（4）：67–69.

[10] 郭正福，彭观地，余泽平，等. 江西发现中国鳞翅目新记录种 I（目夜蛾科）[J]. 南方林业科学，2018，46（3）：59–61.

[11] 胡华林，廖华盛，付庆林，等. 九连山发现 3 种夜蛾（鳞翅目：夜蛾科）江西分布新记录[J]. 南方林业科学，2016，44（4）：41–42，47.

[12] 胡新平，江绍琳，丁冬荪，等. 江西灯蛾科昆虫名录[J]. 江西植保，2007，30（4）：158–163.

[13] 王敏，岸田泰则. 广东南岭国家级自然保护区蛾类[M]. Keltern：Goecke & Evers，2011.

[14] 熊件妹，罗勇，赵莹莹，等. 江西省长须夜蛾亚科昆虫名录（鳞翅目：夜蛾科）[J]. 江西植保，2009，32（4）：164–166.

[15] 熊件妹，刘奇玮，林毓鉴. 江西省裳夜蛾亚科昆虫名录（鳞翅目：夜蛾科）[J]. 江西植保，2010，33（3）：126–129.

[16] 俞东波，郭正福，丁冬荪，等. 江西发现中国鳞翅目新记录种 II（夜蛾科、尾夜蛾科、瘤蛾科）[J]. 南方林业科学，2018，46（3）：62–64.

[17] 章士美，赵泳祥，陈一心. 江西夜蛾科昆虫名录（二）[J]. 上海农科院学报，1984，2（1）：72，81–84.

[18] 章士美，赵泳祥，陈一心. 江西夜蛾科昆虫名录（三）[J]. 上海农科院学报，1984，2（2）：185–196.

[19] 章士美，朱培尧. 夜蛾科昆虫江西新记录种[J]. 江西植保，1990，4：5–7.

[20] 章士美. 江西昆虫名录[M]. 南昌：江西科学技术出版社，1994.

[21] 朱培尧. 江西省昆虫纲新记录种[J]. 江西植保，1997，20（3）：10–16.

[22] BEHOUNEK G，HAN H L，KONONENKO V. A revision of the genus *Tambana* Moore，1882 with description of eight new species and one subspecies (Lepidoptera，Noctuidae：Pantheinae). Revision of Pantheinae，contribution XIII [J]. Zootaxa，2015，4048(3)：301–351.

[23] FIBIGER M，LAFONTAINE J D. A review of the higher classification of the Noctuoidea (Lepidoptera) with special reference to the Holarctic fauna[J]. Esperiana，2005，11：7–92.

[24] FIBIGER M, RONKAY L. Pantheinae-Bryophilinae. Noctuidae Europaeae, vol. 11[M]. Sorø: Entomological Press, 2009.

[25] HOLLOWAY J D. The Moths of Borneo, part 14: Euteliinae, Stictopterinae, Plusiinae, Pantheinae[M]. Kuala Lumpur: Southdene Sdn. Bhd., 1985.

[26] HOLLOWAY J D. The Moths of Borneo, part 12: Noctuinae, Heliothinae, Hadeninae, Amphipyrinae, Acronictinae, Agaristinae[M]. Kuala Lumpur: Southdene Sdn. Bhd., 1989.

[27] HOLLOWAY J D. The Moths of Borneo, part 18: Nolidae[M]. Kuala Lumpur: Southdene Sdn. Bhd., 2003.

[28] HOLLOWAY J D. The Moths of Borneo, part 15 & 16: Noctuidae, Catocalinae[M]. Kuala Lumpur: Southdene Sdn. Bhd., 2005.

[29] HOLLOWAY J D. The Moths of Borneo, part 17: Noctuidae, Rivulinae, Phytometrinae, Herminiinae, Hypeninae, Hypenodinae[M]. Kuala Lumpur: Southdene Sdn. Bhd., 2008.

[30] HOLLOWAY J D. The Moths of Borneo: part 13. Noctuidae: Pantheinae, Bryophilinae, Bagisarinae, Areopteroninae, Acontiinae, Aventinae, Aediinae, Eublemminae, Eustrotiinae, Miscellaneous[M]. Kuala Lumpur: Southdene Sdn. Bhd., 2009.

[31] KISHIDA Y. The standard of Moths in Japan II[M]. Tokyo: Kyodo Printing Co., Ltd., 2011.

[32] KONONENKO V S, PINRATNA A. Moths of Thailand, Vol. 3, Part 1. *An illustrated Catalogue of the Noctuidae (Insecta, Lepidoptera) in Thailand. (Subfamilies Herminiinae, Rivulinae, Hypeninae, Catocalinae, Aganainae, Euteliinae, Stictopterinae, Plusiinae, Pantheinae, Acronictinae and Agaristinae)*[M]. Bangkok: Brothers of St. Gabriel in Thailand, 2005.

[33] KONONENKO V S. Noctuidae: Cuculliinae – Noctuinae, part (Lepidoptera). – Noctuoidea Sibiricae. Part 3. Proceedings of the Museum Witt Munich 5. Munich – Vilnius[M]. Vilnius: Nature Research Centre, 2016.

[34] KONONENKO V S, PINRATNA A. Moths of Thailand, Vol. 3, Part 2. Addendum to Vol. 3, Part 1, Famiies Erebidae, Euteliidae, Nolidae, Noctuidae and checklist[M]. Bangkok: Brothers of St. Gabriel in Thailand, 2013.

[35] LAFONTAINE J D, FIBIGER M. Revised higher classification of the Noctuoidea (Lepidoptera)[J]. Canadian Entomologist, 2006, 138(5): 610–635.

[36] PARK K T, BAE Y S, CUANG N N, et al. Moths of North Vietnam[M]. Seoul: Junghaeng-Sa, 2007.

[37] SPEIDEL W, KONONENKO V S. A review of the subfamilies Pantheinae and Acronictinae from North Vietnam with description of new species of *Tambana* Moore, 1882 and *Anacronicta* Warren, 1909[J]. Esperiana, 1998, 6: 547–566.

[38] SUGI S. Notes on some Japanese genera of the Noctuidae with descriptions of new species (Lepidoptera)[J]. Tinea, 1958, 4: 179–195.

[39] Owada M. Noctuidae (Herminiinae)[M]// Inoue H, Sugi S, Kuroko H, ea tl. Moths of Japan. Tokyo: Kodansha, 1982.

[40] UEDA K. A revision of the genus *Deltote* R. L. and its allied genera from Japan and Taiwan (Lepidoptera: Noctuidae; Acontiinae), Part 1: A generic classification of the genus *Deltote* R. L. and its allied genera[J]. Bull. Kitakyushu Mus. Nat. Hist., 1984, 5: 91–133.

[41] ZAHIRI R, KITCHING I J, LAFONTAINE J.D, et al. A new molecular phylogeny offers hope for a stable family-level classification of the Noctuoidea (Lepidoptera)[J]. Zoologica Scripta, 2011, 40(2): 158–173.

[42] ZAHIRI R，LAFONTAINE J.D，HOLLOWAY J D，et al. Major lineages of Nolidae (Lepidoptera，Noctuoidea) elucidated by molecular phylogenetics[J]. Cladistics，2013，29：337–359.

[43] ZAHIRI R，LAFONTAINE J.D，SCHMIDT C，et al. Relationships among the basal lineages of Noctuidae (Lepidoptera，Noctuoidea) based on eight gene regions[J]. Zoologica Scripta，2013，42 (5)：488–507.

[44] ZASPEL J M，ZAHIRI R，HOY M A，et al. A molecular phylogenetic analysis of the vampire moths and their fruit-piercing relatives (Lepidoptera：Erebidae：Calpinae)[J]. Molecular Phylogenetics & Evolution，2012，65(2)：786–791.

图　版

图版 1： 1. 闪疖夜蛾 *Adrapsa simplex* (Butler, 1879)；2. 锯带疖夜蛾 *Adrapsa quadrilinealis* Wileman, 1914；
3. 淡缘波夜蛾 *Bocana marginata* (Leech, 1900)；4. 钩白肾夜蛾 *Edessena hamada* Felder et Rogenhofer, 1874；
5. 白肾夜蛾 *Edessena gentiusalis* Walker, [1859]1858；6. 斜线厚角夜蛾 *Hadennia nakatanii* Owada, 1979；
7. 希厚角夜蛾 *Hadennia hisbonalis* (Walker, [1859]1858)；8. 胸须夜蛾 *Cidariplura gladiata* Butler, 1879

图版 2：1. 白线奴夜蛾 *Paracolax butleri* (Leech, 1900)；2. 白线尖须夜蛾 *Bleptina albolinealis* Leech, 1900；3. 条拟胸须夜蛾 *Bertula spacoalis* (Walker, 1859)；4. 葩拟胸须夜蛾 *Bertula parallela* (Leech, 1900)；5. 晰线拟胸须夜蛾 *Bertula bisectalis* (Wileman, 1915)；6. 曲线贫夜蛾 *Simplicia niphona* (Butler, 1878)；7. 常镰须夜蛾 *Zanclognatha lilacina* (Butler, 1879)；8. 黄镰须夜蛾 *Zanclognatha helva* (Butler, 1879)

图版 3：1. 杉镰须夜蛾 *Zanclognatha griselda* (Butler, 1879)；2. 梅峰镰须夜蛾 *Zanclognatha meifengensis* Wu, Fu & Owada, 2013；3. 窄肾长须夜蛾 *Herminia stramentacealis* Bremer, 1864；4. 枥长须夜蛾 *Herminia grisealis* ([Denis & Schiffermüller], 1775)；5. 黑斑辛夜蛾 *Sinarella nigrisigna* (Leech, 1900)；6. 两色髯须夜蛾 *Hypena trigonalis* Guenée, 1854；7. 曲口髯须夜蛾 *Hypena abducalis* Walker, [1859]1858；8. 显髯须夜蛾 *Hypena perspicua* (Leech, 1900)

图版 4： 1. 阴卜夜蛾 *Hypena stygiana* (Butler, 1878)；2. 污卜夜蛾 *Hypena squalid* (Butler, 1879)；3. 绢夜蛾 *Rivula sericealis* (Scopoli, 1763)；4. 藏裳夜蛾 *Catocala hyperconnexa* Sugi, 1965；5. 鹗裳夜蛾 *Catocala pataloides* Mell, 1931；6. 粤裳夜蛾 *Catacala kuangtungensis* Mell, 1931；7. 鸥裳夜蛾 *Catocala patala* Felder & Rogenhofer, 1874；8. 晦刺裳夜蛾 *Catocala abamita* Bremer & Grey, 1853

图版 5：1. 鸽光裳夜蛾 *Catocala columbina* (Leech, 1900)；2. 前光裳夜蛾 *Catocala praegnax* (Walker, 1858)；3. 奇光裳夜蛾 *Catocala mirifica* (Butler, 1877)；4. 武夷山裳夜蛾 *Catocala svetlana* Sviridov, 1997；5. 安钮夜蛾 *Ophiusa tirhaca* (Cramer, 1777)；6. 橘安钮夜蛾 *Ophiusa triphaenoides* (Walker, 1858)；7. 南川钮夜蛾 *Ophiusa olista* (Swinhoe, 1893)；8. 飞扬阿夜蛾 *Achaea janata* (Linnaeus, 1758)

图版 6： 1. 赘夜蛾 *Ophisma gravata* Guenée, 1852；2. 石榴巾夜蛾 *Dysgonia stuposa* (Fabricius, 1794)；3. 肾巾夜蛾 *Dysgonia praetermissa* (Warren, 1913)；4. 霉巾夜蛾 *Dysgonia maturata* (Walker, 1858)；5. 故巾夜蛾 *Dysgonia absentimacula* (Guenée, 1852)；6. 玫瑰条巾夜蛾 *Parallelia arctotaenia* (Guenée, 1852)；7. 毛胫夜蛾 *Mocis undata* (Fabricius, 1775)；8. 宽毛胫夜蛾 *Mocis laxa* (Walker, 1858)

图版 7： 1. 阴耳夜蛾 *Ercheia umbrosa* Butler, 1881；2. 雪耳夜蛾 *Ercheia niveostrigata* Warren, 1913；3. 庸肖毛翅夜蛾 *Thyas juno* (Dalman, 1823)；4. 斜线关夜蛾 *Artena dotata* (Fabricius, 1794)；5. 苎麻夜蛾 *Arcte coerula* (Guenée, 1852)；6. 变色夜蛾 *Hypopyra vespertilio* (Fabricius, 1787)；7~8.目夜蛾 *Erebus crepuscularis* (Linnaeus, 1758)

图版 8: 1. 绕环夜蛾 *Spirama helicina* (Hübner, [1831]1825); 2~4. 环夜蛾 *Spirama retorta* (Clerck, 1759); 5~6. 蓝条夜蛾 *Ischyja manlia* (Gramer, 1766); 7. 窄蓝条夜蛾 *Ischyja ferrifracta* (Walker, 1865); 8. 窗夜蛾 *Thyrostipa sphaeriophora* (Moore, 1867)

图版 9: 1. 蚪目夜蛾 *Metopta rectifasciata* (Ménétriès, 1863); 2. 树皮乱纹夜蛾 *Anisoneura aluco* (Fabricius, 1775); 3. 黄带拟叶夜蛾 *Phyllodes eyndhovii* (Vollenhoven, 1858); 4~5. 木叶夜蛾 *Xylophylla punctifascia* Leech, 1900; 6. 直影夜蛾 *Lygephila recta* (Bremer, 1864); 7. 小桥夜蛾 *Anomis flava* (Fabricius, 1775); 8. 超桥夜蛾 *Anomis privata* (Walker, 1865)

图版 10: 1~2. 巨仿桥夜蛾 *Anomis leucolopha* Prout, 1928；3. 中桥夜蛾 *Anomis mesogona* (Walker, 1858)；

4. 翎壶夜蛾 *Calyptra gruesa* (Draudt, 1950)；5. 壶夜蛾 *Calyptra thalictri* (Borkhausen, 1790)；6. 平嘴壶夜

蛾 *Calyptra lata* (Butler, 1881)；7. 嘴壶夜蛾 *Oraesia emarginata* (Fabricius, 1794)；8. 鸟嘴壶夜蛾 *Oraesia*

excavata (Butler, 1878)

图版 11：1. 肖金夜蛾 *Plusiodonta coelonota* (Kollar, 1844)；2. 枯艳叶夜蛾 *Eudocima tyrannus* (Guenée, 1852)；3~4. 凡艳叶夜蛾 *Eudocima falonia* (Linnaeus, 1763)；5. 鹰夜蛾 *Hypocala deflorata* (Fabricius, 1794)；6. 斑戟夜蛾 *Lacera procellosa* Butler, 1877；7. 黑斑析夜蛾 *Sypnoides pannosa* (Moore, 1882)；8. 异析夜蛾 *Sypnoides fumosa* (Butler, 1877)

图版 12: 1. 肘析夜蛾 *Sypnoides olena* (Swinhoe, 1893); 2~3. 光炬夜蛾 *Daddala lucilla* (Butler, 1881); 4. 白点朋闪夜蛾 *Hypersypnoides astrigera* (Butler, 1885); 5. 曲带双衲夜蛾 *Dinumma deponens* Walker, 1858; 6. 沟翅夜蛾 *Hypospila bolinoides* Guenée, 1852; 7. 白线篦夜蛾 *Episparis liturata* (Fabricius, 1787); 8. 尖裙夜蛾 *Crithote horridipes* Walker, 1864

图版 13：1. 寒锉夜蛾 *Blasticorhinus ussuriensis* (Bremer, 1861)；2. 白斑烦夜蛾 *Aedia leucomelas* (Linnaeus, 1758)；3. 三角夜蛾 *Chalciope mygdon* (Cramer, 1777)；4. 碎纹巴夜蛾 *Batracharta cossoides* (Walker, [1863]1864)；5. 碎夜蛾 *Hyposemansis singha* (Guenée, 1852)；6. 大斑薄夜蛾 *Mecodina subcostalis* (Walker, 1865)；7. 灰薄夜蛾 *Mecodina cineracea* (Butler, 1879)；8. 大棱夜蛾 *Arytrura musculus* (Ménétriès, 1859)

图版 14：1. 点眉夜蛾 *Pangrapta vasava* (Butler, 1881)；2. 白痣眉夜蛾 *Pangrapta lunulata* Sterz, 1915；3. 黄斑眉夜蛾 *Pangrapta flavomacula* Staudinger, 1888；4. 苹眉夜蛾 *Pangrapta obscurata* (Butler, 1879)；5. 淡眉夜蛾 *Pangrapta umbrosa* (Leech, 1900)；6. 黄背眉夜蛾 *Pangrapta pannosa* (Moore, 1882)；7. 座黄微夜蛾 *Lophomilia flaviplaga* (Warren, 1912)；8. 金图夜蛾 *Chrysograpta igneola* (Swinhoe, 1890)

图版 15：1. 菊孔达夜蛾 *Condate purpurea* (Hampson, 1902)；2. 暗浑夜蛾 *Scedopla umbrosa* (Wileman, 1916)；3. 长阳狄夜蛾 *Diomea fasciata* (Leech, 1900)；4. 缘斑帕尼夜蛾 *Panilla petrina* (Butler, 1879)；5. 红尺夜蛾 *Naganoella timandra* (Alphéraky, 1897)；6. 斜尺夜蛾 *Dierna strigata* (Moore, 1867)；7. 赭灰裴夜蛾 *Laspeyria ruficeps* (Walker, 1864)；8. 华穗夜蛾 *Pilipectus chinensis* Draeseke, 1931

图版 16：1. 直隐金翅夜蛾 *Abrostola abrostolina* (Butler, 1879)；2. 白条夜蛾 *Ctenoplusia albostriata* (Bremer & Grey, 1853)；3. 异银纹夜蛾 *Ctenoplusia mutans* (Walker, 1865)；4. 银纹夜蛾 *Ctenoplusia agnata* (Staudinger, 1892)；5. 小银纹夜蛾 *Ctenoplusia microptera* Ronkay, 1989；6. 珠纹夜蛾 *Erythroplusia rutilifrons* (Walker, 1858)；7. 台富丽纹夜蛾 *Chrysodeixis taiwani* Dufy, 1974；8. 球肢金翅夜蛾 *Extremoplusia megaloba* (Hampson, 1912)

图版 17：1. 黑砧夜蛾 *Atacira melanephra* (Hampson, 1912)；2. 漆尾夜蛾 *Eutelia geyeri* (Felder et Rogenhofer, 1874)；3. 波尾夜蛾 *Phalga sinuosa* Moore, 1881；4. 折纹殿尾夜蛾 *Anuga multiplicans* (Walker, 1858)；5. 衡山玛尾夜蛾 *Marathyssa cuneades* Draudt, 1950；6. 铅脊蕊夜蛾 *Lophoptera apirtha* (Swinhoe, 1900)；7. 暗影饰皮夜蛾 *Characoma ruficirra* (Hampson, 1905)；8. 环曲缘皮夜蛾 *Negritothripa orbifera* (Hampson, 1894)

图版 18： 1. 洼皮夜蛾 *Nolathripa lactaria* (Graeser, 1892)；2. 缘斑赖皮夜蛾 *Iscadia uniformis* (Inoue & Sugi, 1958)；3. 柿癣皮夜蛾 *Blenina senex* (Butler, 1878)；4. 枫杨癣皮夜蛾 *Blenina quinaria* Moore, 1882；5. 显长角皮夜蛾 *Risoba prominens* Moore, 1881；6. 维长角皮夜蛾 *Risoba wittstadti* Kobes, 2006；7. 旋夜蛾 *Eligma narcissus* (Cramer, 1775)；8. 胡桃豹夜蛾 *Sinna extrema* (Walker, 1854)

图版 19： 1. 银斑砌石夜蛾 *Gabala argentata* Butler, 1818；2. 燕夜蛾 *Aventiola pusilla* (Butler, 1879)；3. 斑表夜蛾 *Titulcia confictella* Walker, 1864；4. 粉缘钻夜蛾 *Earia spudicana* Staudinger, 1887；5. 玫缘钻夜蛾 *Earias roseifera* Butler, 1881；6. 栗摩夜蛾 *Maurilia iconica* (Walker, [1858]1857)；7. 土夜蛾 *Macrochthonia fervens* Butler, 1881；8. 红衣夜蛾 *Clethrophora distincta* (Leech, 1889)

图版 20： 1. 太平粉翠夜蛾 *Hylophilodes tsukusensis* Nagano, 1918；2. 矫饰夜蛾 *Pseudoips amarilla* (Draudt, 1950)；3. 间赭夜蛾 *Carea internifusca* Hampson, 1912；4. 中爱丽夜蛾 *Ariolica chinensis* Swinhoe, 1902；5. 霜夜蛾 *Gelastocera exusta* Butler, 1877；6. 二点花布夜蛾 *Camptoloma binotatum* Butler, 1881；7. 华鸮夜蛾 *Negeta noloides* Draudt, 1950；8. 绿角翅夜蛾 *Tyana falcata* (Walker, 1866)

图版 21：1. 美蝠夜蛾 *Lophoruza pulcherrima* (Butler, 1879)；2. 粉条巧夜蛾 *Ataboruza divisa* (Walker, 1862)；3. 东亚粉条巧夜蛾 *Ataboruza lauta* (Butler, 1878)；4. 姬夜蛾 *Phyllophila obliterata* (Rambur, 1833)；5. 缰夜蛾 *Chamyrisilla ampolleta* Draudt, 1950；6. 标瑙夜蛾 *Maliattha signifera* (Walker, 1857)；7. 丽瑙夜蛾 *Maliattha bella* (Staudinger, 1888)；8. 亭冠夜蛾 *Victrix gracilior* (Draudt, 1950)

图版 22： 1. 虚俚夜蛾 *Koyaga falsa* (Butler, 1885)；2. 白臀俚夜蛾 *Protodeltote pygarga* (Hufnagel, 1766)；
3. 稻白臀俚夜蛾 *Protodeltote distinguenda* (Staudinger, 1888)；4. 斜带绮夜蛾 *Acontia olivacea* (Hampson, 1891)；5. 稻螟蛉夜蛾 *Naranga aenescens* Moore, 1881；6. 台微木夜蛾 *Microxyla confusa* (Wileman, 1911)；
7. 绿褐嵌夜蛾 *Micardia pulcherrima* (Moore, 1867)；8. 黄异后夜蛾 *Tambana subflava* (Wileman, 1911)

图版 23：1. 镶夜蛾 *Trichosea champa* (Moore,1879)；2. 暗钝夜蛾 *Anacronicta caliginea* (Butler, 1881)；3. 新靛夜蛾 *Belciana staudingeri* (Leech, 1900)；4. 缤夜蛾 *Moma alpium* (Osbeck, 1778)；5. 广缤夜蛾 *Moma tsushimana* Sugi, 1982；6. 大斑蕊夜蛾 *Cymatophoropsis unca* (Houlber, 1921)；7. 斋夜蛾 *Gerbathodes angusta* (Butler, 1879)；8. 光剑纹夜蛾 *Acronicta adaucta* (Warren, 1909)

图版 24： 1. 霜剑纹夜蛾 *Acronicta pruinosa* (Guenée, 1852)；2. 缀白剑纹夜蛾 *Narcotica niveosparsa* (Matsumura, 1926)；3. 峨眉仿剑纹夜蛾 *Peudacronicta omishanensis* (Draeseke, 1928)；4. 梦夜蛾 *Subleuconycta palshkovi* (Filipjev, 1937)；5. 瓯首夜蛾 *Cranionycta oda* deLattin, 1949；6. 兰纹夜蛾 *Stenoloba jankowskii* (Oberthür, 1884)；7. 交兰纹夜蛾 *Stenoloba confusa* (Leech, 1889)；8. 海兰纹夜蛾 *Stenoloba marina* Draudt, 1950

图版 25： 1. 白条兰纹夜蛾 *Stenoloba albingulata* (Mell, 1943)；2. 曼莉兰纹夜蛾 *Stenoloba manleyi* (Leech, 1889)；3. 绿领兰纹夜蛾 *Stenoloba viridicollar* Pekarsky, 2011；4. 内斑兰纹夜蛾 *Stenoloba basiviridis* Draudt, 1950；5. 灰兰纹夜蛾 *Stenoloba oculata* Draudt, 1950；6. 小藓夜蛾 *Cryphia minutissima* (Draudt, 1950)；7. 选彩虎蛾 *Episteme lectrix* (Linnaeus, 1764)；8. 葡萄修虎蛾 *Sarbanissa subflava* (Moore, 1877)

图版 26： 1. 白云修虎蛾 *Sarbanissa transiens* (Walker, 1856)；2. 艳修虎蛾 *Sarbanissa venusta* (Leech, 1888)；3. 豪虎蛾 *Scrobigera amatrix* (Westwood, 1848)；4. 一点拟灯夜蛾 *Asota caricae* (Fabricius, 1775)；5. 榕拟灯夜蛾 *Asota ficus* (Fabricius, 1775)；6. 圆端拟灯夜蛾 *Asota heliconia* (Linnaeus, 1758)；7. 方斑拟灯夜蛾 *Asota plaginota* (Butler, 1875)；8. 毁秀夜蛾 *Apamea aquila* Donzel, 1837

图版 27： 1. 毁秀夜蛾 *Apamea aquila* Donzel, 1837；2. 宏秀夜蛾 *Apamea magnirena* (Boursin, 1943)；3. 竹笋禾夜蛾 *Bambusiphila vulgaris* (Butler, 1886)；4. 中纹竹笋禾夜蛾 *Bambusiphila mediofasciata* (Draudt, 1950)；5. 斗斑禾夜蛾 *Litoligia fodinae* (Oberthür, 1880)；6. 曲线禾夜蛾 *Oligonyx vulnerata* (Butler, 1878)；7. 稻蛀茎夜蛾 *Sesamia inferens* (Walker, 1856)；8. 尼泊尔锦夜蛾 *Euplexia pali* Hreblay & Ronkay, 1998

图版 28: 1. 白斑陌夜蛾 *Trachea auriplena* (Walker, 1857); 2. 陌夜蛾 *Trachea atriplicis* (Linnaeus, 1758); 3. 札幌带夜蛾 *Triphaenopsis jezoensis* Sugi, 1962; 4. 间纹炫夜蛾 *Actinotia intermediata* (Bremer, 1861); 5. 长斑幻夜蛾 *Sasunaga longiplaga* Warren, 1912; 6. 白纹驳夜蛾 *Karana gemmifera* (Walker, [1858]1857); 7. 甜菜夜蛾 *Spodoptera exigua* (Hübner, 1808); 8. 斜纹夜蛾 *Spodoptera litura* (Fabricius, 1775)

图版 29：1. 线委夜蛾 *Athetis lineosa* (Moore, 1881)；2. 果红裙杂夜蛾 *Amphipyra pyramidea* (Linnaeus, 1758)；3. 流杂夜蛾 *Amphipyra acheron* Draudt, 1950；4. 暗杂夜蛾 *Amphipyra erebina* Butler, 1878；5. 胖夜蛾 *Orthogonia sera* Felder et Felder, 1862；6. 花夜蛾 *Yepcalphis dilectissima* (Walker, 1858)；7. 黑褐灿夜蛾 *Aucha pronans* Draudt, 1950；8. 飘夜蛾 *Clethrorasa pilcheri* (Hampson, 1896)

图版 30： 1. 句夜蛾 *Goenycta niveiguttata* (Hampson, 1902)；2. 白夜蛾 *Chasminodes albonitens* (Bremer, 1861)；3. 黑斑流夜蛾 *Chytonix albonotata* (Staudinger, 1892)；4. 白纹点夜蛾 *Condica albigutta* (Wileman, 1912)；5. 楚点夜蛾 *Condica dolorosa* (Walker, 1865)；6. 中圆夜蛾 *Acosmetia chinensis* (Wallengren, 1860)；7. 日雅夜蛾 *Iambia japonica* Sugi, 1958；8. 散纹夜蛾 *Callopistria juventina* (Stoll, 1782)

图版 31： 1. 弧角散纹夜蛾 *Callopistria duplicans* Walker, [1858]1857；2. 红晕散纹夜蛾 *Callopistria repleta* Walker, 1858；3. 红棕散纹夜蛾 *Callopistria placodoides* (Guenée, 1852)；4. 港散纹夜蛾 *Callopistria flavitincta* Galsworthy, 1997；5. 日月明夜蛾 *Sphragifera biplagiata* (Walker, 1865)；6. 碧鹰冬夜蛾 *Valeria tricristaat* Draudt, 1934；7. 合丝冬夜蛾 *Bombyciella sericea* Draudt, 1950；8. 红缘矢夜蛾 *Odontestra roseomarginata* Draudt, 1950

图版 32： 1. 红棕灰夜蛾 *Sarcopolia illoba* (Butler, 1878)；2. 掌夜蛾 *Tiracola plagiata* (Walker, 1857)；3. 金掌夜蛾 *Tiracola aureata* Holloway, 1989；4. 秘夜蛾 *Mythimna turca* (Linnaeus, 1761)；5. 曲秘夜蛾 *Mythimna sinuosa* (Moore, 1882)；6. 辐秘夜蛾 *Mythimna radiata* (Bremer, 1861)；7. 单秘夜蛾 *Mythimna simplex* (Linnaeus, 1889)；8. 黄斑秘夜蛾 *Mythimna flavostigma* (Bremer, 1861)

图版 33: 1. 崎秘夜蛾 *Mythimna salebrosa* (Butler, 1878); 2. 粘虫 *Mythimna separata* (Walker, 1865); 3. 后案秘夜蛾 *Mythimna postica* (Hampson, 1905); 4. 白点粘夜蛾 *Leucania loreyi* (Duponchel, 1827); 5. 淡脉粘夜蛾 *Leucania roseilinea* Walker, 1862; 6. 毛健夜蛾 *Brithys crini* (Fabricius, 1775); 7. 克夜蛾 *Clavipalpula aurariae* (Oberthür, 1880); 8. 朽木夜蛾 *Axylia putris* (Linnaeus, 1761)

图版 34： 1. 歹夜蛾 *Diarsia dahlii* (Hübner, [1813])；2. 灰歹夜蛾 *Diarsia canescens* (Butler, 1878)；3. 赭尾歹夜蛾 *Diarsia ruficauda* (Warren, 1909)；4. 华长扇夜蛾 *Sineugraphe oceanica* (Kardakoff, 1928)；5. 八字地老虎 *Xestia c-nigrum* (Linnaeus, 1758)；6. 前黄鲁夜蛾 *Xestia stupenda* (Butler, 1878)；7. 茶色狭翅夜蛾 *Hermonassa cecilia* Butler, 1878；8. 褐宽翅夜蛾 *Naenia contaminata* (Walker, 1865)

图版 35： 1. 小地老虎 *Agrotis ipsilon* (Hufnagel, 1766)；2. 大地老虎 *Agrotis tokionis* Butler, 1881；3. 黄地老虎 *Agrotis segetum* ([Denis & Schiffermüller], 1775)；4. 棉铃虫 *Helicoverpa armigera* (Hübner, 1808)；5. 烟青虫 *Helicoverpa assulta* (Guenée, 1852)；6. 焰暗实夜蛾 *Heliocheilus fervens* (Butler, 1881)

中文索引

学名索引